超高性能混凝土冲击动力特性数值模拟

——基于霍普金森压杆冲击测试技术

任　亮　王　凯　薛志辉　喻贤明　著

人民交通出版社股份有限公司

北　京

内 容 提 要

本书结合国内外有关超高性能混凝土动力特性最新理论研究与实验成果,系统介绍了作者近年来对超高性能混凝土冲击动力特性数值模拟方面的研究成果。全书共8章,主要内容包括绪论、霍普金森压杆冲击测试技术、混凝土材料典型冲击损伤模型、超高性能混凝土材料典型损伤模型校准、超高性能混凝土冲击压缩试验波形整形技术与径向惯性效应、典型损伤模型下超高性能混凝土冲击性能对比、超高性能混凝土动力增大系数与超高性能混凝土应用前景。

本书可供公路、桥梁、铁路等领域工程技术人员使用,也可作为高等院校相关专业研究生参考用书。

图书在版编目(CIP)数据

超高性能混凝土冲击动力特性数值模拟:基于霍普金森压杆冲击测试技术/任亮等著.—北京:人民交通出版社股份有限公司, 2021.12

ISBN 978-7-114-17722-4

Ⅰ.①超… Ⅱ.①任… Ⅲ.①高强混凝土—冲击动力学—数值模拟 Ⅳ.①TU528.31

中国版本图书馆CIP数据核字(2021)第242406号

Chaogao Xingneng Hunningtu Chongji Dongli Texing Shuzhi Moni——Jiyu Huopujinsen Yagan Chongji Ceshi Jishu

书　　名: 超高性能混凝土冲击动力特性数值模拟——基于霍普金森压杆冲击测试技术
著 作 者: 任 亮 王 凯 薛志辉 喻贤明
责任编辑: 朱明周
责任校对: 孙国靖 龙 雪
责任印制: 张 凯
出版发行: 人民交通出版社股份有限公司
地　　址: (100011)北京市朝阳区安定门外外馆斜街3号
网　　址: http://www.ccpcl.com.cn
销售电话: (010)59757973
总 经 销: 人民交通出版社股份有限公司发行部
经　　销: 各地新华书店
印　　刷: 北京交通印务有限公司
开　　本: 787×1092 1/16
印　　张: 8.75
字　　数: 203千
版　　次: 2021年12月 第1版
印　　次: 2021年12月 第1次印刷
书　　号: ISBN 978-7-114-17722-4
定　　价: 50.00元

前　言

超高性能混凝土是21世纪最有发展前景的一类新型水泥基复合材料。随着社会的进步与发展,工程结构趋向于设计大型化以及后期服役环境的复杂化,混凝土结构在服役期间面临的冲击和爆炸荷载威胁日趋增多。混凝土材料在面临巨大的动力荷载时容易出现剥落、粉碎、侵彻等损伤,导致混凝土的承载能力大大降低,从而影响混凝土结构的正常使用或降低混凝土结构的使用寿命,甚至出现灾难性事故,给人民生命财产安全、国民经济造成巨大的威胁。为此,自20世纪90年代以来国内外学者开始在超高性能混凝土冲击特性方面陆续开展了大量的研究工作,但迄今为止未对超高性能混凝土冲击特性若干关键问题达成共识,对其变化规律及影响因素也无系统性的结论。因此,深入开展超高性能混凝土冲击动力特性研究,不仅有助于弄清超高性能混凝土冲击动力损伤退化机制,而且对超高性能混凝土冲击性能优化设计及推广应用具有重要的现实指导意义。

本书基于作者及课题组多年的研究成果撰写而成。全书共8章。第1章为绪论;第2章介绍霍普金森压杆冲击测试技术;第3章介绍混凝土材料典型冲击损伤模型;第4章介绍超高性能混凝土材料典型损伤模型校准;第5章介绍超高性能混凝土冲击压缩试验波形整形技术与径向惯性效应;第6章介绍典型损伤模型下超高性能混凝土冲击性能对比;第7章介绍超高性能混凝土动力增大系数;第8章介绍超高性能混凝土的应用前景。华东交通大学任亮撰写第1至第6章,华东交通大学王凯和喻贤明撰写第7章,江西嘉特信工程技术有限公司薛志辉撰写第8章,全书由任亮统稿和审订。

本书研究成果隶属国家自然科学基金(52068024)、江西省自然科学基金(20192BAB206042)、江西省重点研发计划(20192BBG70079,20202BBG73035)等课题资助获得的研究成果。感谢国家自然科学基金委员会、江西省科学技术厅等对上述课题给予的经费资助!感谢何瑜、万超、方博文等课题组成员参与本书部分研究。感谢湖南大学方志教授对上述课题研究的悉心指导。长江学者徐长节教授、青年长江学者罗文俊教授对本书提出了许多宝贵的建议,在此表示衷心的感谢。

超高性能混凝土冲击动力特性问题异常复杂,不仅涉及材料、结构、力学等学科,且涉及以上诸多学科交叉领域,本书只是其中的一颗铺路石子。由于作者的知识水平和学术水平所限,书中难免存在不足之处,热忱欢迎广大读者批评指正。

作　者

2021年10月25日

目　　录

第1章

绪　论

1.1　超高性能混凝土发展历程

混凝土的发展历史可追溯到公元前3世纪的古罗马时代。古罗马人将火山灰、自然砂石、石灰石混合制成的天然混凝土广泛应用于大型公共建筑中,而且在拱和穹顶的跨度上不断取得突破,其代表建筑为罗马万神庙。19世纪20年代,亚斯普丁对前人的天然混凝土进行改进,在反复试验的基础上,总结出石灰、黏土、矿渣等各种原料之间的比例以及生产这种混合料的方法。由于亚斯普丁采用的水泥在凝固后的颜色和强度,都和当时英国波特兰岛上所产的石材相差无几,因此人们称其为"波特兰水泥"。在此之后,普通混凝土(Normal Concrete, NC)以其良好的材料性能、简便的施工工艺以及价格低廉等优势,成为当今用量最大的建筑材料[1]。

随着社会的进步与发展,工程结构趋向于设计大型化以及后期服役环境的复杂化,混凝土结构在服役期间面临的冲击和爆炸荷载威胁日趋频繁,而普通混凝土在强度、韧性和耐久性不足,其在冲击或爆炸等极端荷载作用下容易出现剥落、粉碎、侵彻等脆性破坏行为(图1-1),导致混凝土结构的承载能力大大降低,进而影响混凝土结构的正常使用或降低混凝土结构的服役寿命,甚至出现灾难性事故,给人民生命财产安全、国民经济造成巨大的威胁。为此,人们逐渐开始重视新型混凝土材料的开发及其抗冲击性能方面的研究。

a) 船舶撞击

b) 车辆撞击

c) 炸弹爆炸

d) 弹体侵彻

图1-1　极端荷载作用下的危害

为提高混凝土材料的强度，不少学者通过添加高效减水剂和高活性掺合料，制备出单轴抗压强度超过60MPa的高强混凝土（High Strength Concrete, HSC）[2]，但高强混凝土并未有效改善混凝土材料韧性差的缺点。为提高混凝土材料的抗裂性能，增强其在冲击或爆炸下的能量吸收能力，纤维增强混凝土（Fiber Reinforced Concrete, FRC）[3]应运而生，并逐渐在实际工程中得以应用。它通过在混凝土材料中添加纤维作为增强材料，为混凝土材料提供一种抑制裂缝发展的机制（桥接效应），增强混凝土材料在冲击或爆炸荷载下的能量吸收能力。此后，通过进一步优化水泥基复合材料内部组分，混凝土材料的力学性能更加优越。

活性粉末混凝土（Reactive Powder Concrete, RPC）是20世纪90年代由法国Bouygues实验室提出的一种超高性能水泥基复合材料[4]，具有强度高、韧性大、耐久性能优异等特点，因此在问世后受到广泛的关注[5]。RPC采用水、水泥、石英砂、硅灰、硅粉、高强减水剂和短切钢纤维经高温高压养护制备而成，按抗压强度高低可分为RPC200和RPC800两个等级，其中已应用于工程实践的RPC200抗压强度可达170～230MPa，弯折强度达40～60MPa，断裂韧性达20～40kJ/m^2，而氯离子扩散系数低至2×10^{-13}m^2/s。

1994年，Larrard和Sedran[6]在RPC制备技术的基础上，以最大粒径为0.4mm的石英砂作为集料，在28d蒸压养护下配制出抗压强度164.9MPa、劈裂抗拉强度6.6MPa的混凝土试件。考虑到RPC已被法国的Bouygues实验室注册了专利，为避免知识产权的纠纷，Larrard和Sedran将这种具备优异的能量耗散能力、耐久性能、弹性模量、抗渗性和抗冻融性[7]的水泥基复合材料命名为超高性能混凝土（Ultra High Performance Concrete, UHPC）。此后，以RPC配制技术为基础的UHPC材料性能、构件特性以及工程应用研究，成为水泥基材料主要发展方向之一[8]。目前对于UHPC的定义，国外一般要求其抗压强度等级应不低于150MPa，抗折强度达40MPa以上，且具有良好的韧性和耐久性能[9]；我国对UHPC的技术指标要求低于国外，根据近年来颁布的UHPC技术规程[10-12]，将28d龄期的抗压强度标准值高于130MPa、单轴抗拉强度高于4MPa、弹性模量高于40GPa的具有超高性能的水泥基复合材料称为UHPC。

1.2 超高性能混凝土材料特性

1.2.1 超高性能混凝土制备原理及工艺

1.2.1.1 制备原理

UHPC的制备是基于最大堆积密度理论，通过减少材料内部初始微裂缝和孔隙等初始缺陷，采取如减小孔隙率、减小水灰比、提高组分的细度和活性、掺入纤维、采用蒸汽养护等措施来获得材料的超高性能，具体的实现途径如下：

（1）剔除粗集料，提高集料的均匀性

普通混凝土的薄弱区处于粗集料与砂浆之间的结合面，在混凝土硬化前水泥浆体中的水分向亲水的粗集料表面迁移，在其表面形成一层水膜，并聚集成板状或层状的$Ca(OH)_2$

定向结晶,而在水分迁移过程中将形成诸多细小的孔隙。考虑到粗集料与硬化水泥浆体的弹性模量差异较大,受湿度、温度变化影响,收缩时两者的变形不相同,导致粗集料与水泥浆体界面应力不平衡而产生微裂缝。在外部荷载作用下,粗集料与水泥浆体界面处微裂缝产生应力集中,原始微裂缝随荷载增大并逐渐向水泥浆体内部发展,最终导致水泥浆体破坏。为克服上述缺陷,UHPC 剔除了粒径大于 1mm 的集料,确保 UHPC 中集料与硬化水泥浆体的弹性模量之比在 1 ~1.4,从而有效减小了原始裂缝的长度和宽度(集料界面微裂缝的长度和宽度与集料粒径尺寸有关,随集料粒径减小,裂缝长度和宽度也减小)。

(2)优化细集料的级配,提高集料的密实度

为提高密实度,减少内部孔隙,制备时优选颗粒级配,缩小同级颗粒粒径的差距、增大相邻两级颗粒粒径的差距,提高颗粒空间整体密实度。考虑到水胶比是影响材料强度的重要因素,水胶比越大,孔隙率越高,材料强度越低,因此选用相容性好的高效减水剂是保证 UHPC 良好工作性能的前提。

(3)采用蒸汽养护,改善材料的微观结构

在 UHPC 凝固后进行蒸汽养护可以加速水泥水化过程和火山灰效应,这是由于随着养护温度的升高,其火山灰效应也相应增强,UHPC 的微观结构得到改善,大大降低孔隙数量和孔径大小,可有效阻断有害离子的侵蚀通道,增加体系密实度,有利于提高 UHPC 的早期强度,并提升其抗渗性、抗冻性及其他抗侵蚀能力。

(4)掺入钢纤维,提升材料的韧性

一般来讲,混凝土的强度越大,脆性越强。为改善 UHPC 的韧性,在保证 UHPC 工作性能的前提下掺入适量的微细钢纤维,可有效提升混凝土材料的断裂韧性,具体表现为基体开裂后,钢纤维仍能约束裂缝的发展,从而达到阻裂、提高韧性和延性的目的。

1.2.1.2 制备工艺

UHPC 组分包含水泥、高性能掺合料(如高炉粒化矿渣、粉煤灰、石英粉等)、细集料(如石英砂、细砂、玻璃粉等)、钢纤维、高效减水剂、水。在材料配合比方面,由于原材料材质对 UHPC 性能的影响较大,而不同地区原材料性能差异较大,目前尚无统一的配合比计算方法,UHPC 配合比基本上由试验确定,但公认水胶比宜在 0.15 ~0.22,钢纤维体积率不宜超过 3%[13]。

由于 UHPC 取消了粗集料,掺入了细微纤维,其制备方式也异于普通混凝土,UHPC 制备过程对投料顺序、搅拌时间、搅拌设备具有比较严格的要求。为解决 UHPC 中掺入纤维后易结团、难以搅拌的问题,通常采用强制搅拌机生产;若对 UHPC 性能有较高的要求,可使用真空搅拌。目前 UHPC 的搅拌流程(图 1-2)如下:

步骤一:将水泥、高性能掺合料和细集料投入搅拌机中干拌 2min,得到胶砂混合物。

步骤二:将水和高效减水剂的混合物投入上述混合物中搅拌 2min,得到胶砂搅拌物。

步骤三:再次搅拌 2min,并且均匀撒入钢纤维,得到钢纤维胶砂搅拌物。

步骤四:最后搅拌 2min,得到超高性能纤维增强水泥基复合材料,期间搅拌机始终保持搅拌。

UHPC 制备成型后的养护手段主要有蒸压养护、常温养护、蒸汽养护等。由于 UHPC 的制备过程中常使用硅粉,90℃左右的高温养护可有效加速硅粉参与二次水化反应,而在

250～400℃的高温下，硬化的水泥浆体脱水生成硬硅钙石，从而大大提高 UHPC 的强度[14]。蒸汽养护对 UHPC 材料的力学性能影响最大，而采用滞后蒸养与降温蒸养对其影响较小[15]。相对于标准养护、热水养护和干热养护，热水-干热组合养护对 UHPC 基本力学性能的提升幅度最大[16]，这是由于 UHPC 水胶比低，组合养护中的热水养护阶段可以保证水泥水化所需要的充足水分，并在 UHPC 内部形成框架结构，而干热养护阶段在框架结构中产生较大的内部压力，高温、高压环境进一步促进水泥水化和掺合料之间的火山灰反应，生成更多的水化产物，从而提高 UHPC 的致密性。虽然蒸压养护和蒸汽养护对 UHPC 工厂预制化生产具有良好的适用性，但对于现场浇筑的大型 UHPC 结构，采用蒸养技术无论从适用性和操作性层面都存在不足，为此 UHPC 现场常温养护成为目前研究的热点，并在一些工程实例中得到了应用。

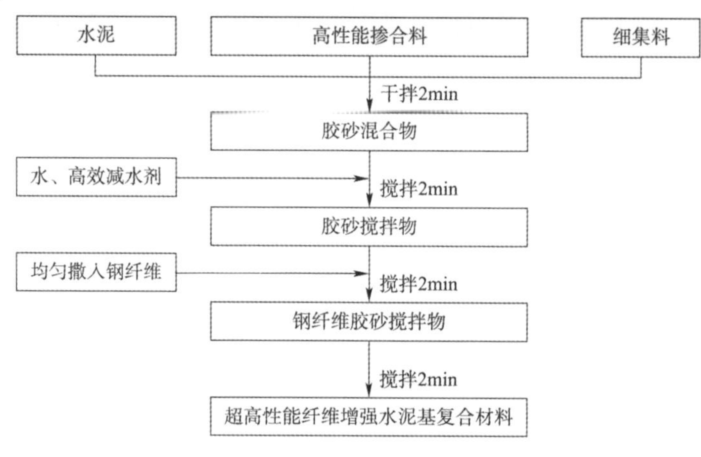

图 1-2　UHPC 的搅拌流程

1.2.2　超高性能混凝土的静力特性

1.2.2.1　基本力学性能

表 1-1 为普通混凝土（NC）、高强混凝土（HSC）、纤维增强混凝土（FRC）、超高性能混凝土（UHPC）的基本力学性能对比。由表可知，相对于普通混凝土、高强混凝土和纤维增强混凝土，超高性能混凝土是一种具备超高强度、超高韧性的新型水泥基复合材料，能有效提高压弯构件的竖向承载力，降低构件的自重和截面尺寸，同时改善构件的塑性变形能力和断裂韧性，提升结构在地震、冲击或爆炸等极端荷载作用下的耗能能力。

基本力学性能对比　　表 1-1

性能	NC	HSC	FRC	UHPC
抗压强度/MPa	15～50	50～80	60～100	130～300
抗拉强度/MPa	2～4	3～4	3～5	4～10
抗弯强度/MPa	2～5	6～10	8～12	30～60
弹性模量/GPa	30～40	30～40	40～50	40～60
断裂韧性/(kJ/m^2)	0.12	0.14	0.26～0.34	20～40

1.2.2.2 体积稳定性

收缩、徐变等体积稳定性是影响 UHPC 材料长期性能的重要因素[17-18]。研究表明：相对于普通混凝土，当采用蒸汽养护时，UHPC 孔隙致密，收缩和徐变均减小，收缩速度较快，在24h 内将完成总收缩量的1/2，这将有利于提高预应力 UHPC 构件工厂化生产效率。与此同时，随着水灰比和高效减水剂掺量的增加，UHPC 的总收缩量将增大[19]。对于温度20℃、相对湿度50%条件下养护的 UHPC，标准试件(75mm×75mm×280mm)的1d 总收缩量约为 3.77×10^{-4}，7d 总收缩量约为 4.88×10^{-4}，其早期收缩量约占总收缩量的77%；相对于标准试件，小试件(25mm×25mm×280mm)的总收缩量更大[20]，在试件制备时应加以重视。

1.2.2.3 热物理性能

表1-2给出了 NC、HSC、FRC、UHPC 的热物理性质参数对比[21-23]，主要体现在一定温升条件下，4种混凝土材料的质量损失率、导热系数、热扩散系数、定压比热容的对比。由表1-2可知，随着温度的提高，UHPC 材料的质量损失率、导热系数和定压比热容均低于其他3种混凝土材料，而热扩散系数高于其他3种混凝土材料。这是由于 UHPC 剔除粗集料并掺入硅灰等活性物质，通过蒸汽养护等措施使 UHPC 凝胶体水化反应更充分，微细观结构更密实。

热物理性质参数对比 表1-2

性能	NC				HSC				FRC				UHPC			
温度/℃	20	500	700	900	28	150	200	250	28	150	200	250	28	150	200	250
质量损失率/%	—	—	—	—	0.14	0.75	1.0	1.25	0.11	0.60	0.80	1.0	0	0.12	0.36	0.92
导热系数/[W/(m·K)]	2.19	1.28	1.14	1.03	1.97	1.84	1.78	1.73	2.40	1.99	1.82	1.72	2.13	1.78	1.72	1.46
热扩散系数/(mm^2/s)	0.88	0.45	0.40	0.42	1.07	0.75	0.66	0.59	1.36	0.80	0.65	0.55	1.69	1.20	1.17	1.05
定压比热容/[J/(g·K)]	1.10	1.35	1.36	1.20	0.80	1.07	1.17	1.28	0.77	1.09	1.22	1.35	0.56	0.65	0.66	0.63

1.2.2.4 耐久性

对于 UHPC 材料的耐久性研究，主要集中在抗氯离子渗透性能、抗冻融循环性能、抗碳化性能及耐磨性能等方面，表1-3列出了 UHPC 与其他几种混凝土的耐久性对比[24-29]。从表中可以看出，UHPC 氯离子扩散系数、冻融剥离量和碳化深度远小于 NC、HSC 和 FRC，具有极佳的耐久性。这是由于 UHPC 极低的水胶比和合理的颗粒级配使其具备良好的微观结构和较低的孔隙率，在一定程度上阻止了有害杂质的渗入。

耐久性对比 表1-3

性能	NC	HSC	FRC	UHPC
氯离子扩散系数/($\times10^{-12}m^2/s$)	1.1	0.6	0.16	0.02
冻融剥离量/(g/m^2)	>1000	900	30	7
碳化深度/mm	10	2	1	0
磨耗系数	4.0	3.8	2.0	1.3

1.2.2.5 其他性能

UHPC材料的其他性能还包括尺寸效应、黏结性能、疲劳性能等。研究表明:UHPC试件的尺寸效应随钢纤维掺量的提高而增大[30],对于不掺钢纤维、边长为150mm的立方体UHPC试件,尺寸效应换算系数建议按0.952取值;高强钢筋与UHPC的界面黏结性能试验表明两者之间的荷载-滑移曲线上升段较陡,下降段平缓或有回升[31-32],UHPC的黏结性能远强于NC;对于UHPC材料,相应的疲劳极限强度约为其极限轴心抗压强度的57%,相当于NC的1.5倍,并且在低周、高周疲劳荷载作用下,掺入钢纤维的UHPC即使出现裂缝,仍拥有优异的耐疲劳性能[33-34]。

1.2.3 超高性能混凝土的动力特性

混凝土结构在其服役期间不仅承受准静态荷载作用,还可能承受地震、冲击、爆炸等动态荷载作用,混凝土材料在上述动态荷载作用下的强度特性与变形特性称为混凝土材料的动力特性。混凝土结构动力特性的优劣,直接反映结构的稳定性和安全性。

相对于NC,UHPC具有优越的抗裂性能和损伤容限,可有效改善构件的塑性变形能力和断裂韧性,提升结构在地震荷载作用下的耗能能力,具备良好的抗震性能。研究表明UHPC构件延性随轴压比的增大呈减弱趋势,在设计中宜将轴压比控制在合理的范围,以确保结构具有较好的延性储备;UHPC构件延性随纵筋率的增大呈先增强后减弱的趋势,配置箍筋是增高UHPC构件延性的有效措施,但配箍率提高对UHPC构件延性的影响目前尚无定论,建议在满足结构各方面力学性能的前提下,从经济角度考虑配箍率取值;钢纤维掺量的增加能在一定程度上增强UHPC构件的延性,但不宜超过临界值;采用聚丙烯纤维替代部分钢纤维的混杂方式不仅能取得良好的经济性,而且能有效提高UHPC的阻裂性能。

与此同时,钢纤维的添加和超高的水泥基体强度可避免UHPC在冲击荷载下产生粉碎性破坏,因此UHPC具备优异的抗冲击和抗爆性能。研究表明UHPC墩柱在车辆撞击作用下的耗能能力约为NC墩柱的2.27倍[35-36],UHPC材料对接触爆炸冲击波的吸收能力是NC的近20倍[37];单轴抗压强度为186MPa的UHPC的抗侵彻能力是NC的3倍[38],而侵彻深度仅为NC的1/5[39],且子弹穿透UHPC内部的速度损失率明显大于穿透NC的速度损失率[40]。

1.3 超高性能混凝土冲击性能研究现状

1.3.1 超高性能混凝土冲击测试技术研究现状

材料动态力学性能试验设备的选择与加载应变率息息相关。作为表征材料变形速度的一种度量,应变率一般定义为应变对时间的导数,以s^{-1}为单位。目前一般认为应变率低于$10^{-5}s^{-1}$为静态,应变率范围在$10^{-5} \sim 10^{-3}s^{-1}$为准静态或低应变率,介于$10^{-3} \sim 10^{2}s^{-1}$时属于中应变率,当应变率高于$10^{2}s^{-1}$时称为高应变率[41]。为适应混凝土结构在不同加载速率下的需求,不少学者分别通过液压试验、落锤试验、分离式霍普金森压杆(Split Hopkinson Pressure Bar,SHPB)试验、爆炸试验和射弹侵彻试验对其动态力学特性开展试验研究,其中液压试验覆盖的应变率范围为 $10^{-5} \sim 10^{0} s^{-1}$,落锤试验覆盖的应变率范围为 $10^{0} \sim 10^{1} s^{-1}$,SHPB 试验覆盖的应变率范围为 $10^{1} \sim 10^{3} s^{-1}$,爆炸试验覆盖的应变率范围为 $10^{2} \sim 10^{4} s^{-1}$,射弹侵彻试验覆盖的应变率范围为 $10^{3} \sim 10^{5} s^{-1}$,如图1-3所示。

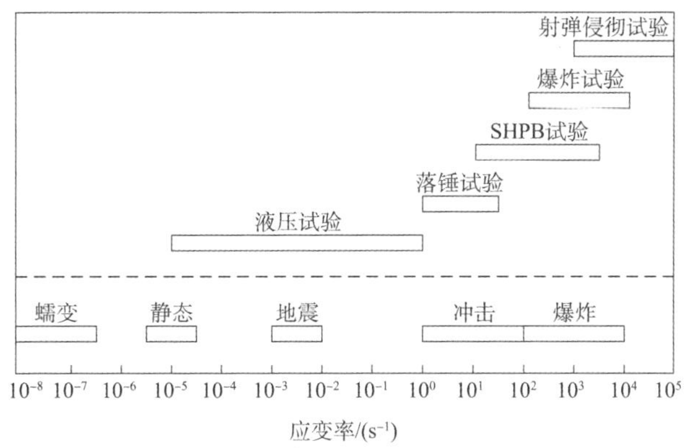

图1-3 不同应变率对应的试验及加载情况

对于准静态或低应变率($10^{-5} \sim 10^{-3} s^{-1}$),一般选用液压试验。国内外学者通常采用液压试验系统来测试 UHPC 试件的单轴或多轴压缩性能。虽然目前用于动态力学性能试验的液压系统技术相对成熟,应变速率或者荷载速率控制精度较高,能够方便、准确地测量荷载值和变形值,但鲜有相关文献针对 UHPC 材料进行应变率相对较高的液压试验。这是因为用于研究动态力学性能的液压系统对伺服阀、油泵等关键部件的性能要求很高,导致其研制成本较高。

对于中应变率($10^{-3} \sim 10^{2} s^{-1}$),一般选用落锤试验和 SHPB 试验。贾鹏程等[42]通过与已有4组 UHPC 构件的落锤冲击试验得到的落锤冲击力、构件动态挠度响应和破坏模式进行对比,验证了提出模型参数对钢筋 UHPC 构件低速冲击分析的适用性和正确性,对比了球形锤头和平头落锤冲击作用下 UHPC 构件破坏形态的差异性,分析了不同冲击能量作用下 UHPC 构件的能量吸收率。鞠杨等[43]基于5种钢纤维掺量 UHPC 试件的 SHPB 试验,探讨了不同应变率和钢纤维掺量下 UHPC 的应力波特征、破坏模式、动态抗压强度及耗能能力的变化规律,提出了不同应变率和钢纤维掺量条件下 UHPC 动态应力-应变响应的基本模式与本构模型。

对于高应变率(大于 $10^{2} s^{-1}$),一般选用 SHPB 试验、爆炸试验和射弹侵彻试验。Tai 等[44]通过 SHPB 试验对 UHPC 试件进行了高应变率下的试验研究,提出了一种 UHPC 在不同应变速率下动态增大系数的计算公式,确定了高应变率下试件破坏所需的能量与钢纤维掺量的直接关系。赖建中等[45]通过爆炸试验探讨了 UHPC 在埋置炸药爆炸载荷作用下的动态力学性能和损伤规律,通过改变 UHPC 靶体的配合比和炸药放置深度,得到了不同炸药埋深下 UHPC 靶体的破坏形态。Liu 等[38]通过射弹侵彻试验,结合弹体在 UHPC 基体中速度的损失率和弹体侵彻深度,评估了钢筋混凝土与 UHPC 的抗侵彻能力,研究表明 UHPC 的抗侵彻能力是钢筋混凝土的3倍,并且弹体侵彻速度越快,UHPC 材料的抗侵彻能力越突出。

考虑到混凝土结构爆炸或冲击产生的应变率范围一般为 $10^{0} \sim 10^{4} s^{-1}$,应用 SHPB 试验可以覆盖结构所受大部分爆炸或高速冲击的应变率范围,且霍普金森压杆结构简单操作方便,能通过改变撞击杆的撞击速度和设置波形整形器调节波形的输入,因而霍普金森压杆装置被广泛应用于混凝土材料的中高应变率冲击试验。

1.3.2 超高性能混凝土冲击数值模拟研究现状

考虑到试验技术、测试手段的限制,试验研究存在成本高、数据离散性大和影响因素复杂等诸多不足,导致其并不能充分反映 UHPC 材料在冲击荷载作用下的受力特性。为克服上述不足,开展数值研究成为试验研究有效的补充。目前用于固体非线性动力有限元分析的程序包括 LS-DYNA、ABAQUS、MSC/DYTRAN、AUTODYNA 等,其中 LS-DYNA 程序[46]是目前较流行的冲击模拟有限元程序之一,主要用于处理三维非线性结构在高速碰撞、爆炸冲击下的大变形动力响应,其为用户提供了多种混凝土损伤模型,如* MAT_16、* MAT_25、* MAT_72、* MAT_72R3、* MAT_78、* MAT_84-85、* MAT_96、* MAT_111、* MAT_145、* MAT_159、* MAT_172、* MAT_174、* MAT_194、* MAT_195、* MAT_272、* MAT_273 等。其中,* MAT_72R3(KCC)[47-48]、* MAT_111(HJC)[49]、* MAT_159(CSC)[50-51]因能较好地反映混凝土材料在冲击荷载下的应变率效应、软化、失效、损伤演化等动态性能,被广泛应用于模拟 UHPC 材料的冲击试验。

1.3.2.1 Karagozian-Case-Concrete(KCC)模型

基于 KCC 模型,结合 SHPB 试验中得到的 UHPC 动力参数,已有学者通过对相应控制参数进行修正,较好地模拟了 UHPC 的动力性能,并指出波形整形器的尺寸对应力波的整形效果产生显著影响,应根据撞击杆的速度适当调整波形整形器的尺寸[52-53]。为准确预测混凝土板在接触爆炸下弹坑和剥落的破坏行为,Hong 等[54]通过两次现场试验,研究了混凝土板在接触爆炸下的破坏模式,评估了修正后 KCC 模型模拟混凝土板力学性能的适用性。Liu 等[55]借助 KCC 模型,对撞击速度在 300 ~ 1000m/s 范围内的弹丸侵彻作用下的 UHPC 圆柱靶冲击响应进行了数值研究,探讨了 UHPC 单轴抗压强度、弹丸撞击速度和弹丸头部形状(Caliber Radius Head, CRH)对 UHPC 圆柱靶穿透深度和弹坑损伤的影响。

1.3.2.2 Holmquist-Johnson-Cook(HJC)模型

通过对 UHPC 材料开展一系列力学试验,如单轴压缩试验、弯曲试验、单轴循环压缩试验和 SHPB 试验,Du 等[56]得到了针对 UHPC 材料的 HJC 模型中关键参数取值,通过与落锤试验进行对比,表明采用 HJC 模型能较好地模拟落锤作用下主梁跨中挠度时程曲线。王勇华[57]运用 LS-DYNA 软件对 SHPB 压缩冲击试验进行了数值模拟,通过与试验结果对比,指出 LS-DYNA 程序能较准确地模拟应力波在压杆中的传播,应用 HJC 损伤模型能较好地模拟 UHPC 的冲击性能,但这种模型对 UHPC 材料的适用性还需要进一步验证。此后,张文华[58]和王文谈[59]通过对 UHPC 试件在低应变率下 SHPB 试验的有限元模拟,进一步指出应用 HJC 模型准确模拟的关键在于如何运用试验结果确定材料强度参数、损伤参数和压力参数等。Rong[60]通过改变 HJC 模型中抗拉和抗压强度值来表示 UHPC 基体中钢纤维掺量的改变,运用 LS-DYNA 程序对不同钢纤维掺量和不同应变率的 UHPC 冲击压缩性能进行了较好的模拟。Zhu 等[61]对抗压强度为 200MPa 的 UHPC 进行了穿透深度(Depth of Penetration, DOP)试验数值分析,结果表明采用修正的 HJC 模型预测的空腔直径和穿透深度与试验数据吻合程度较好。Tai[62]参考普通混凝土 HJC 模型参数取值,采用外推法拟合出单轴抗压强度为173.5MPa 的 UHPC 的应力-压力曲线,通过与试验结果对比,较好地模拟了射弹试验中的 UHPC 动态力学性能。

1.3.2.3 Continuous-Surface-Cap(CSC)模型

Guo 等[63]应用修正的 CSC 模型对低速冲击作用下 UHPC 梁的力学性能开展了数值模拟,结果表明修正后的 CSC 模型能较好地模拟 UHPC 梁在低速冲击下的动态响应,相对于 KCC 模型,CSC 模型对 UHPC 梁剪胀效应的描述较差,而且 KCC 模型对围压作用下混凝土材料冲击响应的模拟效果更好[42]。Wei 等[64]基于修正的 CSC 模型,预测了 UHPC 梁在低速冲击荷载作用下的剩余承载能力,并推导了 UHPC 梁损伤评估的冲击质量-速度图。

总的来说,LS-DYNA 软件是 UHPC 冲击数值模拟的主流软件,而较好地模拟 UHPC 冲击性能的关键是如何选取材料损伤模型。考虑到 UHPC 是一种新型建筑材料,动态损伤模型鲜见相关的文献报道,因此如何应用已有的 UHPC 冲击试验结果和混凝土材料既有动态损伤模型构建适合 UHPC 的动态损伤模型是取得较好模拟效果的关键。

1.3.3 超高性能混凝土冲击动力特性研究现状

水泥基材料在动态荷载作用下的力学性能与静态荷载作用下表现出明显的不同,且在不同的应变率作用下,材料力学性能也存在明显的差异。为表征应变率对 UHPC 动态强度的影响,将材料的动态强度与准静态强度的比值定义为动态增强因子(Dynamic Increase Factor, DIF),以此来描述材料在动态加载应变率变化时强度的改变。

目前,针对 UHPC 的动态力学研究以中等应变率和高应变率为主。研究表明,随着应变率的增加,UHPC 动态力学性能指标(如峰值压应变、峰值压应力、极值压应变、弹性模量和能量耗散能力等)不断提高[58,65],表明材料动态增韧效果明显。但在相同的纤维掺量下,UHPC 残余应变随应变率增加而提高的幅度大于峰值抗压强度和峰值应变的提高幅度[43]。进一步的研究也发现,应变率对动态抗压强度的提高存在一个阈值,当应变率低于阈值时,动态抗压强度低于准静态抗压强度,DIF 值小于 1,但超过阈值之后动态抗压强度增加非常明显,DIF 值不断增加[66]。焦楚杰[67]通过对准静态抗压强度分别为 158MPa、209.5MPa 和 222.9MPa(钢纤维含量分别为 0%、3% 和 4%)的 UHPC 开展冲击压缩试验,指出 UHPC 应变率阈值为 $50s^{-1}$左右。Tai[44]进一步指出 UHPC 应变率的阈值随准静态抗压强度的提高而明显增大。

UHPC 动态抗拉强度对应变率的变化也非常敏感,具有明显的应变率效应。在中等应变率和高应变率下,大量 UHPC 抗拉冲击试验表明[39,60,68],在不改变其他参数的情况下,动态抗拉强度随应变率的增大而提高,但 UHPC 抗拉 DIF 值明显高于抗压 DIF 值,且两者之间的偏差随着应变率的增大而增加。与此同时,试验方法对应变率的敏感性存在显著影响。孙伟[69]院士对 UHPC 开展了动态轴拉试验和动态劈裂试验,结果表明,在相同的应变率下,UHPC 冲击轴拉强度约为冲击劈裂强度的 0.50 ~ 0.60 倍。这是由于劈裂试件尺寸不仅远小于轴拉试件,且劈裂试件位于入射杆和透射杆之间,承受较大的摩擦力,而冲击轴拉试件承受纯拉伸效应,无摩擦作用,因此冲击劈裂强度大于冲击轴拉强度。

1.3.3.1 材料组分

1）钢纤维

钢纤维的掺入不仅能有效提高UHPC的抗裂性、延展性、耐久性和耐磨性[70]，且对UHPC抗冲击性能的增强具有积极的作用，因此UHPC又可称为超高性能纤维增强混凝土（Ultra High Performance Fiber Reinforced Concrete，UHPFRC）。Rong[65]在中等应变率下使用SHPB装置对钢纤维含量分别为0%、3%和4%的UHPC试件开展了动态压缩试验，发现UHPC的峰值应力、峰值应变和耗能能力都随着钢纤维体积掺量的增加而增大，且UHPC中随机乱向分布的纤维组成的网状结构能有效发挥阻裂和增韧的作用。鞠扬[43]对钢纤维掺量分别为0%、1.0%、1.5%、2.0%和3.0%的UHPC开展了冲击压缩试验研究，指出钢纤维掺量对UHPC峰值抗压强度和峰值应变具有不同的影响，峰值应变随钢纤维掺量增加而持续增大，而峰值抗压强度随钢纤维掺量增加表现出先增大后减少的趋势，表明单纯提高钢纤维体积掺量并不是提高UHPC动态抗压强度的最佳措施。为探讨钢纤维对应变率的敏感性，图1-4分别给出了王勇华[71-72]冲击试验在静态抗压强度为101.44MPa、119.62 MPa和147.64MPa（钢纤维掺量分别为0%、1.5%和2%）时以及焦楚杰[67]冲击试验在静态抗压强度为158MPa、209.5MPa和222.9MPa（钢纤维掺量分别为0%、3%和4%）时应变率与DIF值的关系。

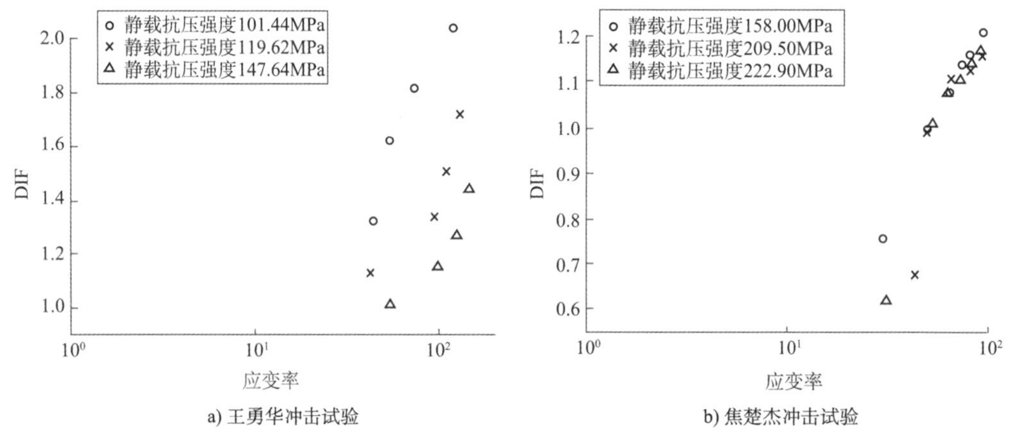

图1-4 不同静态抗压强度下应变率与DIF值的关系

从图中可以看出，在不同的应变率下，UHPC的DIF值随静态抗压强度的升高而降低，且静态抗压强度越高则降低幅度越大，但在静态抗压强度接近150MPa后，DIF值趋于稳定。这是由于钢纤维相对于混凝土材料为一种应变率不敏感材料，因此钢纤维的掺入虽能提高材料的静态抗压强度，但降低了UHPC的DIF值；当静态抗压强度达到一定程度以后，UHPC表现出明显的脆性，在高速冲击作用下，UHPC会在短时间内碎裂成许多小块，钢纤维在发挥对裂纹的桥接作用之前已经从基体中剥离，因此DIF值趋于稳定。

与此同时，钢纤维形状对UHPC抗压冲击性能的影响也不容忽视。黄育等[73]通过冲击试验分析了4种不同形状钢纤维（端钩形、铣削、细直形、波纹形）对UHPC动力性能的影响，结果表明细直形和端钩形钢纤维对UHPC抗冲击性能的改善明显，而铣削和波纹形钢纤维对UHPC抗冲击性能的改善相对较差。Su等[74]探讨了不同长径比和纤维掺量下细直钢纤维和扭曲钢纤维UHPC的动力性能,结果表明UHPC中掺入细直钢纤维相对于扭曲钢纤维具有更优的动态压缩性能。张文华[39]进一步指出细直钢纤维的动态抗压增强效果优于哑铃状钢纤维和端钩形钢纤维。

此外,不少学者对不同钢纤维掺量下UHPC动态抗拉性能开展了试验研究[75-76]。结果表明,钢纤维的加入使UHPC的抗拉破坏模式由脆性转换成延性,UHPC动态抗拉强度随钢纤维掺量的增加而提高,DIF值随着钢纤维掺量的增大而减小,UHPC重复冲击拉伸次数随钢纤维掺量的提高而增加。钢纤维种类和形状也影响着UHPC的动态抗拉性能。张灿光[77]采用变截面分离式Hopkinson压杆探讨了钢棉纤维、镀铜钢纤维、端钩形钢纤维和聚丙烯纤维单掺对UHPC层裂强度的影响。结果表明,镀铜钢纤维和端钩形钢纤维对UHPC层裂强度具有明显的增强效应,而聚丙烯纤维和钢棉纤维对UHPC层裂强度影响较小。Su[74]研究发现,在动态拉伸试验中,扭曲钢纤维的动态抗拉增强效果优于细直钢纤维,这与动态压缩试验结论正好相反。

2)混杂纤维

UHPC比NC造价高6~8倍,这在一定程度上制约其在土木工程中的应用。而UHPC材料组分中钢纤维最为昂贵,为此,不少学者探寻采用其他纤维全部或部分替代钢纤维以降低UHPC工程造价[78-79],但UHPC中采用混杂纤维后动力性能与单独掺入钢纤维存在显著差异。李月安[80]发现在UHPC基体中加入掺量为0.15%的聚丙烯纤维后,UHPC冲击韧性比素UHPC提高了5.2%。黄政宇[81]分别对素UHPC、钢纤维UHPC和聚丙烯纤维UHPC进行了静载试验和SHPB冲击试验,结果在动态荷载作用下钢纤维UHPC的韧性明显优于素UHPC和聚丙烯纤维UHPC。王立闻等[82]制备9种不同钢纤维和聚乙烯醇(PVA)纤维混杂UHPC试件并对常温和高温过火后的动力性能开展了试验研究,结果表明常温下由于混杂纤维结团,降低了UHPC材料的动态抗压强度和韧性,呈现出负混杂效应;高温过火后混杂纤维UHPC出现塑性强化现象,动态抗压强度和韧性增加明显,抗冲击性能优于单掺钢纤维UHPC,混杂纤维最优体积掺量为:钢纤维2.0%、PVA纤维0.1%。Lai[83]等对钢纤维分别与PVA纤维和玄武岩纤维混杂的UHPC开展了重复冲击试验,结果表明钢纤维和PVA纤维混杂UHPC的冲击韧性优于钢纤维和玄武岩纤维混杂UHPC。

3)其他材料组分

UHPC动力性能对各组成的材料组分相对敏感,虽然大量试验研究主要集中在纤维对UHPC动力性能的影响,但也有学者对UHPC中相对昂贵的石英砂替换成其他粗集料后的动力性能开展研究。Wu等[84]对采用自然砂替代石英砂并掺入金刚砂或玄武岩作为粗集料的UHPC开展了射弹试验,结果表明UHPC中采用粗集料能减小子弹穿透深度,增大粗集料的硬度和尺寸,能减小冲击坑的面积和体积,且金刚砂UHPC动力性能优于玄武岩UHPC。Zhang等[85]研究了粗集料种类(玄武岩、花岗岩和铁矿石)对UHPC抗冲击压缩性能的影响,结果表明掺入玄武岩的UHPC动态抗压应力峰值明显大于掺入花岗岩或铁矿石的UHPC,且随着粗集料最大粒径的增大,UHPC的动态抗压强度逐渐减小。仵鹏涛等[86]对掺入不同类型纳米级材料的UHPC动力性能开展了研究,结果表明UHPC中掺入3%含量的纳米$CaCO_3$时DIF值最大,而纳米TiO_2对UHPC的DIF提高并不明显。Su等[87]通过动态压缩试验,发现UHPC的DIF值随着材料中纳米$CaCO_3$含量的增加而增大,且运用X射线衍射仪(XRD)和X荧光光谱仪(XRF)物相分析技术分析了UHPC中纳米材料的存在形态和状态,证实了纳米颗粒的填充和火山灰效应促进了UHPC动态强度的增加。

1.3.3.2 试件养护条件和龄期

张胜等[88]探讨热水养护(100℃)、蒸汽养护(90℃)和标准养护对UHPC抗压强度的影响,结果表明UHPC在热水养护7d后的抗压强度比标准养护28d的抗压强度高42%,并且两种热养护下的UHPC抗压强度均优于标准养护的试件,这是由于热养护能够加速粉煤灰和硅灰的二次反应,增强UHPC内部结构的致密性。Bas等[89]基于SHPB技术探讨了混凝土材料龄期对应变率的依赖性,研究表明随着混凝土龄期的增加,应变率敏感性降低。然而,考虑到养护条件和龄期对混凝土的单轴抗压强度都有着直接的影响,因此养护条件、龄期对单轴抗压强度的相互依赖性常常使应变率效应难以评估。

1.3.3.3 试件单轴抗压强度和尺寸

欧洲混凝土协会(Comité Europécn du Béton, CEB)[90-91]采用分段函数针对NC给出了相应的动力增大系数计算公式,其中1990年提出的DIF计算公式指出试件的单轴抗压强度越大,应变率敏感性越差。与NC类似,UHPC试件DIF值的增幅随着单轴抗压强度的增大而降低,UHPC材料DIF值在冲击荷载作用下表现出明显的强度效应[71-72]。

已有学者基于SHPB技术对UHPC试件尺寸开展了试验研究。对于直径23.8mm、高9.2mm的UHPC试件,Hassan等[92-93]掺入了体积含量0%~4%的钢纤维,在应变率范围为22~110s^{-1}内,建立了一个考虑纤维含量的DIF通用公式,结果表明DIF拟合曲线的斜率随纤维体积含量的增大而增大,并且指出不同种类纤维的应变率敏感性排序由强到弱为聚乙烯醇纤维、玄武岩纤维、钢纤维,Tai[44]进一步确定了高应变率下试件破坏所需的能量与钢纤维含量的直接关系;对于直径30mm、高10mm的UHPC试件,黄政宇等[81]得到了不同应变率下试件的动态抗压强度、动态峰值应变及应力-应变曲线,同时指出随应变率的增加,掺入钢纤维的UHPC动态抗压强度增加的幅度没有素UHPC明显;对于直径50mm、高25mm的UHPC试件,Wang等[71,94]结合静态围压试验,借助数值方法模拟径向惯性效应的影响,确定了由径向惯性效应引起UHPC单轴抗压强度的增幅,最后得到了UHPC材料的真实应变率;对于直径70mm、高35mm的UHPC试件,Sun研究团队[65,67,95-96]指出由于高强集料、钢纤维的叠加效应,UHPC的单轴抗压强度和韧性均得到了显著提高,并且峰值应力、峰值应变、弹性模量以及应力-应变曲线下的面积随应变率的增大而增加;Jiang等[97]进一步研究了在UHPC中使用风积砂替代部分或全部天然河砂的可行性,但含风积砂或天然河砂的UHPC之间的DIF值差异性不明显;对于直径75mm、高37.5mm的UHPC试件,仵鹏涛等[86]评估了试件内部纳米材料种类及含量对UHPC材料动态力学特性的影响,研究表明纳米材料种类、含量对UHPC的DIF值影响比较显著,适宜的掺量能更有效地改善UHPC的动态力学性能,最后拟合出了不同纳米材料种类、含量下的DIF回归公式;Su等[74,87]进一步指出钢纤维的添加对UHPC的动态抗压强度有显著影响,但钢纤维增强UHPC的DIF值始终低于传统混凝土材料;对于直径92mm、高46mm的UHPC试件,Wu等[98]研究表明采用1.5%长纤维和0.5%短纤维混合增强的UHPC表现出最佳的动态力学性能。

可以看出,基于SHPB技术,针对UHPC材料的动力特性研究取得了较为丰硕的成果,但不同学者采用不同的霍普金森压杆尺寸导致试件尺寸的多样性，使 UHPC 试件尺寸、单轴抗压强度、应变率与动力增大系数之间的影响规律并无系统性的结论。

1.3.3.4 冲击次数

在 UHPC 结构使用过程中，不排除受到多次爆炸或承受多次冲击的可能，而研究表明混凝土试件在受到重复冲击荷载时内部存在损伤演化，且这种演化为累积过程。为此，张文华[39]和 Lai[99]分别对不同钢纤维掺量的 UHPC 开展了重复冲击试验，结果均表明 UHPC 抗重复冲击能力随钢纤维掺量的增加而提高，试件动态峰值应力和弹性模量随冲击次数的增加而减少，而动态峰值应变随冲击次数的增加而增大。此后，Lai[83]又对钢纤维、PVA 纤维和玄武岩纤维混杂的 UHPC 开展了重复冲击试验，指出混杂纤维 UHPC 试件在重复冲击作用下的损伤程度低于单一钢纤维 UHPC 试件，且钢纤维和 PVA 纤维混杂 UHPC 抗重复冲击性能优于钢纤维和玄武岩纤维混杂 UHPC。

1.3.3.5 其他因素

Kwak 等[100]指出在高应变速率下，SHPB 试验的试件通常处于三轴压缩状态而非理想的单轴压缩状态，短试件不可避免地会出现由泊松效应和塑性流动引起的径向惯性效应，在一定程度上提高混凝土试件的动态抗压强度。这是由于混凝土试件在径向没有充足时间产生足够的内部裂缝，从而在试件中心部位出现一定的约束应力，导致试件中心部位的抗压强度得到一定的提高，表现出明显的应变率效应。此后，Wang 等[101]进一步表示当应变率小于 $100s^{-1}$时，径向惯性效应对试件的动态抗压强度仅造成微弱的增幅，径向惯性效应可以忽略不计。并且由图 1-3 可知，不同试验所适用的应变率范围不同，加载制度不同，所得到的试验结果具有较大的差异性及离散性[102]。

1.4 超高性能混凝土冲击性能研究存在的问题

通过综述国内外 UHPC 冲击压缩试验和数值模拟研究进展，可以看出，SHPB 试验能覆盖结构大部分爆炸或高速冲击的应变率范围，LS-DYNA 软件及其内置的 KCC 模型、HJC 模型、CSC 模型分别是模拟混凝土类材料 SHPB 试验的主流软件和动态损伤模型。但现阶段针对 UHPC 冲击性能的研究仍存在一定的问题，主要包括：

①应用 LS-DYNA 程序模拟 UHPC 冲击压缩试验，具有周期短、成本低等优势，其关键在于如何选取材料损伤模型并准确拟合 UHPC 的动态损伤行为，但是该程序包含的混凝土材料模型众多，需要根据需求选取合适的材料模型。目前 UHPC 动态损伤模型参数选取尚无统一的参数取值方法，有待深入研究如何基于已有的损伤模型实现 UHPC 动态损伤行为的准确模拟。

②SHPB 试验结果的准确性非常依赖于一维应力波传播和试件应力平衡。目前为止，鲜有针对 UHPC 在 SHPB 试验中受到惯性效应和弥散效应影响的研究。为准确评估 UHPC 材料的动态压缩力学性能，需确保试验过程中试件的应力均匀性、应力波一维性以及恒应变率加载。虽然针对传统混凝土材料如何实现上述性能指标的相关研究较多，但 UHPC 是一种新型水泥基复合材料，若参考传统混凝土的 SHPB 试验进行操作，其适用性和有效性有待验证。

③基于 SHPB 技术，针对 UHPC 材料动力特性的研究取得了较为丰硕的成果，但考虑到不同学者采用不同的霍普金森压杆尺寸，导致试件尺寸的多样性，使 UHPC 试件尺寸、单轴抗压强度、应变率与动力增大系数之间的影响规律并无系统性的结论。

本章参考文献

[1] 陈宝春，季韬，黄卿维，等. 超高性能混凝土研究综述[J]. 建筑科学与工程学报，2014，31(3)：1-24.

[2] PETERMAN M B，CARRASQUILO R L，FRANTZ GREGORY C. Production of high strength concrete[J]. Journal of Engineering Materials and Technology，1987，109(1)：98-105.

[3] JENQ Y S，SHAH S P. Crack propagation in fiber-reinforced concrete[J]. Journal of Structural Engineering，1986，112(112)：19-34.

[4] RICHARD P，CHEYREZY M. Reactive powder concrete with high ductility and 200 MPa～800MPa compressive strength[J]. Concrete Technology，1994：507-518.

[5] 肖锐. 活性粉末混凝土研究与应用进展[J]. 工程建设与设计，2017(13)：234-236.

[6] LARRARD D F，SEDRAN T. Optimization of ultra-high-performance concrete by the use of a packing model[J]. Cement and Concrete Research，1994，24(6)：997-1009.

[7] 杜丰音，金祖权，于泳. 超高强水泥基材料的力学及耐久性能[J]. 材料导报，2017，31(23)：44-51.

[8] 阎培渝. 超高性能混凝土(UHPC)的发展与现状[J]. 混凝土世界，2010(9)：36-41.

[9] 孙世国，鲁艳朋. 超高性能混凝土国内外研究进展[J]. 科学技术与工程，2018，18(20)：189-199.

[10] 湖南省工程建设地方标准. 活性粉末混凝土结构技术规程：DBJ 43/T 325—2017[S]. 北京：中国建筑工业出版社，2017.

[11] 赵筠，师海霞，路新瀛. 超高性能混凝土基本性能与试验方法[M]. 北京：中国建材工业出版社，2018.

[12] 河北省地方标准. 超高性能混凝土制备与工程应用技术规程：DB 13/T 2946—2019[S]. 北京：中国建筑工业出版社，2019.

[13] 徐海宾. HRB500 钢筋预应力超高性能混凝土梁受力性能研究[D]. 北京工业大学，2015.

[14] 沈磊. C140 超高性能混凝土制作与性能试验研究[J]. 建筑科技，2018，2(3)：96-99.

[15] CHEYREZY M，MARET V，FROUIN L. Microstructural analysis of RPC (Reactive Powder Concrete)[J]. Cement and Concrete Research，1995，25(7)：1491-1500.

[16] 崔存森. 养护制度对超高性能混凝土收缩徐变及其基本力学性能的影响[D]. 北京交通大学，2018.

[17] FHWA. Material property characterization of ultra-high performance concrete[R]. Wash-

ington, D. C.: FHWA, 2006.

[18] AHLBORN T M, PEUSE E J, MISSON D L. Ultra-high-performance-concrete for Michigan bridges material performance—phase I[M]. Compressive Strength, 2008.

[19] TAM C M, TAM V W Y, et al. Assessing drying shrinkage and water permeability of reactive powder concrete produced in Hong Kong[J]. Construction and Building Materials, 2012, 26(1): 79-89.

[20] WONG A C L, CHILDS P A, BERNDT R, et al. Simultaneous measurement of shrinkage and temperature of reactive powder concrete at early-age using fibre Bragg grating sensors[J]. Cement and Concrete Composites, 2007, 29(6): 490-497.

[21] SHIN K Y, KIM S B, KIM J H, et al. Thermo-physical properties and transient heat transfer of concrete at elevated temperatures[J]. Nuclear Engineering and Design, 2002, 212(3): 233-241.

[22] RODUR V K R, SULTAN M A. Effect of temperature on thermal properties of high-strength concrete[J]. Journal of Materials in Civil Engineering, 2003, 15(2):101-107.

[23] 鞠杨, 刘红彬, 刘金慧, 等. 活性粉末混凝土热物理性质的研究[J]. 中国科学: 技术科学, 2011, 41(12): 1584-1605.

[24] SCHMIDT M, FEHLING E. Ultra-high-performance concrete: research, development and application in Europe[J]. American Concrete Institute, 2006: 51-77.

[25] REJU R, JIJI J G. Investigations on the chemical durability properties of ultra high performance fibre reinforced concrete[C]// Proceeding of 2012 International Conference on Green Technologies(ICGT). New York: IEEE, 2012: 181-185.

[26] SHAHEEN E, SHRIVE N. Optimization of mechanical properties and durability of reactive powder concrete[J]. ACI Materials Journal, 2006, 103(6): 444-451.

[27] MAGUREANU C, SOSA I, NEGRUTIU C, et al. Mechanical properties and durability of ultra-high-performance concrete[J]. ACI Materials Journal, 2012, 109(2): 177-183.

[28] 吴生, 黄政宇. 活性粉末混凝土耐久性能研究[J]. 混凝土与水泥制品, 2003(1): 19-20,26.

[29] 李忠, 黄利东. 钢纤维活性粉末混凝土耐久性能的研究[J]. 混凝土与水泥制品, 2005(3): 42-43.

[30] 郑文忠, 吕雪源. 活性粉末混凝土研究进展[J]. 建筑结构学报, 2015, 36(10): 44-58.

[31] 邓宗才, 袁常兴. 高强钢筋与活性粉末混凝土黏结性能的试验研究[J]. 土木工程学报, 2014, 47(3): 69-78.

[32] FIRAS S A, GILLES F, LE R R. Bond between carbon fibre-reinforced polymer (CFRP) bars and ultra high performance fibre reinforced concrete (UHPFRC): experimental study[J]. Construction and Building Materials, 2011, 25(2): 479-485.

[33] AN M, YU Z, SUN M, et al. Fatigue properties of RPC under cyclic loads of single-

stage and multi-level amplitude[J]. Journal of Wuhan University of Technology, 2010, 25(1): 167-173.

[34] SHAHEEN E, SHRIVE N G. Cyclic loading and fracture mechanics of ductal concrete [J]. International Journal of Fracture, 2008, 148(3): 251-260.

[35] 樊伟, 杨涛, 申东杰, 等. 受压 UHPC 圆形墩柱抗冲击试验及简化分析方法[J]. 中国公路学报, 2019, 32(11): 165-175.

[36] 田志敏, 吴华杰, 姜锡权, 等. 超高性能混凝土 RPC 的抗冲击压缩特性[J]. 解放军理工大学学报(自然科学版), 2007(5): 463-469.

[37] 徐世烺, 李锐, 李庆华, 等. 超高韧性水泥基复合材料功能梯度板接触爆炸数值模拟[J]. 工程力学, 2020, 37(8): 123-133,178.

[38] LIU Y, SONG C M, YUE S L. Tests on mechanical properties and anti-penetration performance of steel-fiber reactive powder concrete[J]. Advanced Materials Research, 2013, 671-674(2): 1761-1765.

[39] 张文华. 超高性能水泥基复合材料微结构形成机理与动态力学行为研究[D]. 南京: 东南大学, 2013.

[40] SMITH J, CUSATIS G, PELESSONE D, et al. Discrete modeling of ultra-high-performance concrete with application to projectile penetration[J]. International Journal of Impact Engineering, 2014, 65: 13-32.

[41] 张安康, 陈士海, 魏海霞, 等. 建筑结构爆破振动响应应变率大小讨论[J]. 爆炸, 2010, 27(3): 9-14.

[42] 贾鹏程, 吴昊, 方秦. 基于 CSC 模型的 UHPC 构件侧向低速冲击分析[J/OL]. 建筑结构学报, 2021(8): 169-182.

[43] 鞠杨, 盛国华, 刘红彬, 等. 高应变率下 RPC 动态力学性能的试验研究[J]. 中国科学:技术科学, 2010(12): 1437-1451.

[44] TAI Y S. Uniaxial compression tests at various loading rates for reactive powder concrete[J]. Theoretical and Applied Fracture Mechanics, 2009, 52(1): 14-21.

[45] 赖建中, 朱耀勇, 谭剑敏. 超高性能混凝土在埋置炸药下的抗爆试验及数值模拟[J]. 工程力学, 2016, 33(5): 193-199.

[46] LSTC. LS-DYNA keyword user's manual[Z]. CA: Livermore Software Technology Corporation (LSTC), 2014.

[47] MALVAR L J, CRAWFORD J E, WESEVICH J W, et al. A new concrete material model for DYNA3D[R]. Glendale, CA: Karagozian and Case Structural Engineers, 1994.

[48] MALVAR L J, CRAWFORD J E, WESEVICH J W, et al. A new concrete material model for DYNA3D release II: shear dilation and directional rate enhancements[R]. Glendale, CA: Karagozian and Case Structural Engineers, 1996.

[49] HOLMQUIST T J, JOHNSON G R. A Computational constitutive model for concrete subjected to large strains, high strain rates, and high pressures[J]//Proceedings of the

14th International Symposium on Ballistics. Quebec: 1993.

[50] MURRAY Y D. Users' manual for LS-DYNA concrete material model 159[R]. Mc Lean, VA: Federal Highway Administration, 2007.

[51] MURRAY Y D, ABUODEH A Y, BLIGH R P. Evaluation of LS-DYNA concrete material model 159[R]. Mc Leam: Federal Highway Administration, 2007.

[52] XU M, WILLE K. Calibration of KCC concrete model for UHPC in LS-DYNA[J]. Advanced Materials Research, 2014, 1081: 254-259.

[53] XU M, WILLE K. Numerical investigation of the effects of pulse shaper, lateral inertia, and friction on the calculated strain-rate sensitivity of UHPFRC using a split Hopkinson pressure bar[J]. Journal of Materials in Civil Engineering, 2016, 28(11): 04016114.

[54] HONG J, FANG Q, CHEN L, et al. Numerical predictions of concrete slabs under contact explosion by modified KCC material model[J]. Construction and Building Materials, 2017, 155: 1013-1024.

[55] LIU J, WU C, CHEN X. Numerical study of ultra-high performance concrete under non-deformable projectile penetration[J]. Construction and Building Materials, 2017, 135: 447-458.

[56] DU Y, WEI J, LIU K, et al. Research on dynamic constitutive model of ultra-high performance fiber-reinforced concrete[J]. Construction and Building Materials, 2020, 234: 117386.

[57] 王勇华, 袁玉娟. RPC 材料 Hopkinson 压杆冲击压缩试验的数值模拟与分析[J]. 工程建设与设计, 2007(8): 34-38.

[58] 张文华, 张云升. 超高性能水泥基复合材料动态冲击性能及数值模拟[J]. 混凝土, 2015(10): 60-63.

[59] 王文谈. 超高性能纤维增强混凝土(UHPFRC)的实验研究及低速冲击有限元模拟[D]. 成都: 西南交通大学, 2015.

[60] RONG Z, SUN W. Experimental and numerical investigation on the dynamic tensile behavior of ultra-high performance cement based composites[J]. Construction and Building Materials, 2012, 31(6): 168-173.

[61] ZHU Q, HUANG Z, XIAO Q, et al. Theoretical considerations on cavity diameters and penetration depths of concrete materials generated by shaped charge jets using the targets response modes described by a modified HJC model[J]. International Journal of Impact Engineering, 2020: 103439.

[62] TAI Y S. Flat ended projectile penetrating ultra-high strength concrete plate target[J]. Theoretical and Applied Fracture Mechanics, 2009, 51(2): 117-128.

[63] GUO W, FAN W, SHAO XD, et al. Constitutive model of ultra-high-performance fiber-reinforced concrete for low-velocity impact simulations[J]. Composite Structures, 2018, 185: 307-326.

[64] WEI J, LI J, WU C. An experimental and numerical study of reinforced conventional concrete and ultra-high performance concrete columns under lateral impact loads[J]. Engineering Structures, 2019, 201: 109822.

[65] RONG Z, SUN W, ZHANG Y. Dynamic compression behavior of ultra-high performance cement based composites[J]. International Journal of Impact Engineering, 2010, 37(5): 515-520.

[66] 刘建忠, 孙伟, 缪昌文, 等. 大掺量粉煤灰超高性能钢纤维混凝土的静动态力学行为[J]. 华北水利水电大学学报(自然科学版), 2012, 33(6): 21-28.

[67] JIAO C J, SUN W. Impact resistance of reactive powder concrete[J]. Journal of Wuhan University of Technology, 2015, 30(4): 752-757.

[68] PYO S, EL-TAWIL S. Capturing the strain hardening and softening responses of cementitious composites subjected to impact loading[J]. Construction and Building Materials, 2015, 81: 276-283.

[69] 孙伟, 焦楚杰. 活性粉末混凝土冲击拉伸试验研究[J]. 广州大学学报(自然科学版), 2011, 10(1): 42-47.

[70] 史才军, 何稳, 吴泽媚, 等. 纤维对 UHPC 力学性能的影响研究进展[J]. 硅酸盐通报,2015, 34(8): 2227-2247.

[71] 梁小燕, 王勇华, 王正道. RPC 材料冲击加载下的横向惯性和应变率效应[J]. 北京交通大学学报, 2008, 32(4): 58-62.

[72] 王勇华, 梁小燕, 王正道, 等. 活性粉末混凝土冲击压缩性能实验研究[J]. 工程力学, 2008, 25(11): 167-172.

[73] 黄育, 王必斌, 陈万祥, 等. 不同钢纤维对 RPC 性能影响的试验分析[J]. 解放军理工大学学报(自然科学版), 2003, 4(5): 65-67.

[74] SU Y, LI J, WU C, et al. Effects of steel fibres on dynamic strength of UHPC[J]. Construction and Building Materials, 2016, 114: 708-718.

[75] 孙伟, 焦楚杰. 活性粉末混凝土冲击拉伸试验研究[J]. 广州大学学报(自然科学版), 2011, 10(1): 42-47.

[76] 赖建中, 孙伟. 活性粉末混凝土的层裂性能研究[J]. 工程力学, 2009, 26(1): 137-141.

[77] 张灿光. 活性粉末混凝土层裂强度的试验研究[D]. 长沙: 湖南大学, 2008.

[78] 杨兆鹏, 毕巧巍, 汪辉. 钢纤维与聚丙烯纤维混杂活性粉末混凝土的力学性能[J]. 工业建筑, 2010, 40(9): 77-79.

[79] 邓宗才. 混杂纤维增强超高性能混凝土弯曲韧性与评价方法[J]. 复合材料学报, 2016, 33(6): 1274-1280.

[80] 李月安. 聚丙烯纤维 RPC 的力学性能研究[J]. 混凝土与水泥制品, 2011(12): 42-44.

[81] 黄政宇, 王艳, 肖岩, 等. 应用 SHPB 试验对活性粉末混凝土动力性能的研究[J]. 湘潭大学学报(自然科学版), 2006, 28(2): 114-117.

[82] 王立闻，庞宝君，盖秉政，等. 活性粉末混凝土高温后冲击压缩特性研究[J]. 工程力学，2012，29(9)：245-251.

[83] LAI J Z, SUN W, XU S, et al. Dynamic properties of reactive powder concrete subjected to repeated impacts[J]. ACI Materials Journal, 2013, 110(4): 463-472.

[84] WU H, FANG Q, GONG J, et al. Projectile impact resistance of corundum aggregated UHPSFRC[J]. International Journal of Impact Engineering, 2015, 84: 38-53.

[85] ZHANG W, ZHANG Y, ZHANG G. Static, dynamic mechanical properties and microstructure characteristics of ultra-high performance cementitious composites[J]. Science and Engineering of Composite Materials, 2012, 19(3): 237-245.

[86] 仵鹏涛，刘中宪，吴成清，等. 纳米材料对超高性能混凝土动态力学特性的影响实验研究[J]. 硅酸盐通报，2016，35(11)：3546-3555.

[87] SU Y, LI J, WU C, et al. Influences of nano-particles on dynamic strength of ultra-high performance concrete[J]. Composites (Part B), 2016, 91: 595-609.

[88] 张胜，周锡玲，谢友均，等. 养护制度对活性粉末混凝土强度及微观结构影响的研究[J]. 混凝土，2007(6)：16-18.

[89] BAS H K, JIN W, GUPTA N, et al. Strain rate-dependent compressive behavior and failure mechanism of cementitious syntactic foams[J]. Cement and Concrete Composites, 2019, 95: 70-80.

[90] Comite Euro-International du Beton. CEB-FIP model code 1990 [S]. Trowbridge, Wiltshire: Redwood Books, 1993.

[91] FIB. Model code 2010: First complete draft, Fib Bulletin No. 55, Vol. 1[R]. Lausanne: International Federation for Structural Concrete, 2010.

[92] HASSAN M, WILLE K. Experimental impact analysis on ultra-high performance concrete (UHPC) for achieving stress equilibrium (SE) and constant strain rate (CSR) in split Hopkinson pressure bar (SHPB) using pulse shaping technique[J]. Construction and Building Materials, 2017, 144: 747-757.

[93] HASSAN M, WILLE K. Comparative experimental investigations on the compressive impact behavior of fiber-reinforced ultra high-performance concretes using split Hopkinson pressure bar[J]. Construction and Building Materials, 2018, 191: 398-410.

[94] WANG Y H, WANG Z D, LIANG X Y, et al. Experimental and numerical studies on dynamic compressive behavior of reactive powder concretes[J]. Acta Mechanica Solida Sinica, 2008, 21(5): 35-45.

[95] LAI J, SUN W. Dynamic behaviour and visco-elastic damage model of ultra-high performance cementitious composite[J]. Cement and Concrete Research, 2009, 39(11): 1044-1051.

[96] JIAO C, SUN W, HUAN S, et al. Behavior of steel fiber-reinforced high-strength concrete at medium strain rate[J]. Frontiers of Architecture and Civil Engineering in China, 2009, 3(2): 131-136.

[97] JIANG J, FENG T, CHU H, et al. Quasi-static and dynamic mechanical properties of eco-friendly ultra-high-performance concrete containing aeolian sand[J]. Cement and Concrete Composites, 2019, 97: 369-378.

[98] WU Z, SHI C, HE W, et al. Static and dynamic compressive properties of ultra-high performance concrete (UHPC) with hybrid steel fiber reinforcements[J]. Cement and Concrete Composites, 2017, 79: 148-157.

[99] LAI J Z, SUN W. Dynamic mechanical behaviour of ultra-high performance fiber reinforced concretes[J]. Journal of Wuhan University of Technology, 2008, 23(6): 938-945.

[100] KWAK H G, GANG H G. An improved criterion to minimize FE mesh-dependency in concrete structures under high strain rate conditions[J]. International Journal of Impact Engineering, 2015, 86: 84-95.

[101] WANG S, ZHANG M H, QUEK S T. Mechanical behavior of fiber-reinforced high-strength concrete subjected to high strain-rate compressive loading[J]. Construction and Building Materials, 2012, 31(6): 1-11.

[102] 帅晓蕾. 冲击荷载作用下混凝土动力性能试验研究及有限元分析[D]. 长沙: 湖南大学, 2013.

第 2 章

霍普金森压杆冲击测试技术

2.1 引　言

霍普金森压杆冲击测试技术由 Hopkinson 于 1914 年首次提出[1]，他在试验中通过子弹或爆炸波冲击直径 25mm、长度差很大、自由悬吊的两根同心钢杆，探讨了炸药爆炸时或子弹撞击到坚硬物体表面时压力依赖于时间的性质。但受到当时技术条件的限制，霍普金森压杆冲击测试技术难以对杆件中的应力波进行记录，因此存在着较大的局限性。1949 年，Kolsky[2] 在 Hopkinson 试验装置的基础上进一步改进，将试件设置于两根细长钢杆之间，在第一根钢杆的另一端设置保护性钢砧，由雷管产生的冲击波通过钢砧传递到第一根钢杆，当冲击波传递到杆件与试件的界面处时，一部分冲击波透过试件传递到第二根钢杆，另一部分冲击波从界面反射回第一根钢杆，其中试件的应力波由试件前、后方的圆筒形电容式微音器测量，质点位移由第二根钢杆末端的平行板电容式微音器测量，示波器由波导开关触发。1963 年，Lindholm[3] 以测试精度更高的应变片取代了以往的电容式传感器，给霍普金森压杆冲击测试技术带来了根本性变革，经此改进后的试验装置基本上与现代分离式霍普金森压杆（Split Hopkinson Pressure Bar，SHPB）试验装置相似。

起初，霍普金森压杆冲击测试技术主要应用于研究内部组织均匀、连续的金属材料。出于对其他材料动态力学性能研究的需求，Ross[4] 于 1989 年首次将霍普金森压杆冲击测试技术引入混凝土材料的冲击试验。国内最早由中国科学技术大学的胡时胜教授将霍普金森压杆冲击测试技术引入混凝土、岩石类脆性材料的冲击试验[5-6]，并于 2007 年的 Hopkinson 杆试验技术研讨会简要介绍了我国霍普金森压杆冲击测试技术的发展情况，提出了在霍普金森压杆冲击测试技术中有待进一步解决的问题，以期推进其在国内的发展[7]。

2.2 分离式霍普金森压杆冲击测试基本原理

SHPB 试验装置的主体结构包括撞击杆、入射杆、透射杆和吸能器，附属设备由发射装置、测速装置、应变片、信号放大器、示波器和数据处理系统等组成，如图 2-1 所示[8]。试件位于入射杆和透射杆之间，为实现试件在破坏前达到恒应变率加载和应力平衡，在靠近撞击杆的入射杆端设置整形器。试验时，在一定的高压气体作用下，撞击杆以一定速度对中撞击入射杆，入射杆在冲击力的作用下将产生水平方向的应力波，称之为入射波（a_1）。基于一维应力波理论，入射波在入射杆中以波速 $C_b = \sqrt{E_b/\rho_b}$ 向前传播，经过 L_I/C_b 的时间（L_I 表示入射杆的长度）传播到入射杆与试件的界面Ⅰ时，由于两者之间的波阻抗存在差异，一部分应力波反射回入射杆形成反射波（b_2），另一部分应力波（b_1）透过试件传播到试件与透射杆的界面Ⅱ时，一部分应力波（c_2）反射回试件，另一部分应力波透过界面Ⅱ进入透射杆形成透射波（c_1）。

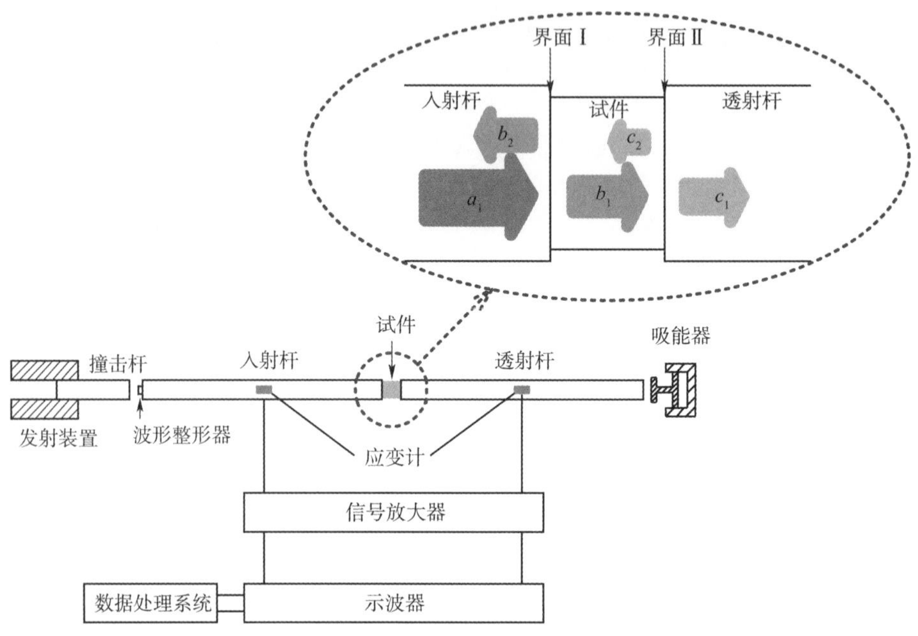

图 2-1　SHPB 试验装置及入射杆→试件→透射杆应力波传播过程

设置在入射杆和透射杆的应变片可以分别记录入射波、反射波和透射波产生的应变片信号，并通过信号放大器和示波器分别放大信号和记录波形。根据应变片记录的数据计算试件的应力和应变。在满足杆件一维应力波假定的前提下，试验过程中各时刻的试件应变率 $\dot{\varepsilon}(t)$、应变 $\varepsilon(t)$ 和试件两端的平均应力 $\sigma(t)$ 的定义如下：

$$\dot{\varepsilon}(t) = \frac{\nu_I - \nu_T}{L_s} = \frac{C_b}{L_s}(\varepsilon_I - \varepsilon_R - \varepsilon_T) \tag{2-1}$$

$$\varepsilon(t) = -\frac{C_b}{L_s}\int_0^t (\varepsilon_I - \varepsilon_R - \varepsilon_T)\,dt \tag{2-2}$$

$$\sigma(t) = \frac{1}{2A_s}[A_b E_b(\varepsilon_I + \varepsilon_R) + A_b E_b \varepsilon_T] = \frac{A_b}{2A_s}E_b(\varepsilon_I + \varepsilon_R + \varepsilon_T) \tag{2-3}$$

通常假定 SHPB 试验中，短试件内的应力波传播效应可以忽略不计，即对试件引入均匀化假定：

$$\begin{cases} \varepsilon_I(t) + \varepsilon_R(t) = \varepsilon_T(t) \\ \sigma_I(t) + \sigma_R(t) = \sigma_T(t) \end{cases} \tag{2-4}$$

将式(2-4)代入式(2-1)～式(2-3)，则化简为经典的二波法测试数据处理公式：

$$\dot{\varepsilon}(t) = -\frac{2C_b}{L_s}\varepsilon_R(t) \tag{2-5}$$

$$\varepsilon(t) = -\frac{2C_b}{L_s}\int_0^t \varepsilon_R(t)\,\mathrm{d}t \tag{2-6}$$

$$\sigma(t) = \frac{A_b}{A_s}E_b\varepsilon_T(t) \tag{2-7}$$

式中,ν_I 和 ν_T 分别表示入射杆和透射杆的质点速度;C_b 表示杆件中一维纵向应力波的波速,$C_b = \sqrt{E_b/\rho_b}$,E_b 和 ρ_b 分别表示杆件的弹性模量和密度;L_s 表示试件的长度;A_b 和 A_s 分别表示杆件的截面面积和试件的初始截面面积;$\varepsilon_I(t)$、$\varepsilon_R(t)$ 和 $\varepsilon_T(t)$ 分别表示由应变片测得的杆件上 t 时刻入射波、反射波和透射波信号。

由式(2-6)和式(2-7)可知,冲击荷载作用下的应变和应力分别由反射波信号和透射波信号决定,因此反射波信号和透射波信号可以间接反映出 UHPC 试件的动态应力-应变曲线。

2.3　分离式霍普金森压杆冲击测试试验存在的问题及解决方法

在使用上述公式对 SHPB 试验数据进行处理时,需要满足以下两个前提条件:

①一维应力波传播假定。在 SHPB 试验中,在杆件中传播的应力波必须为一维平面弹性波,这要求在设计 SHPB 设备过程中,应力波长度与杆件直径的比值必须足够大,即利用一维应力下的弹性波在细长杆中传播时无畸变的特性,进而忽略杆件中质点径向运动的惯性作用。事实上,考虑到径向惯性效应的精确解的求解更复杂、困难,而杆件中弹性波的精确解已知,因此当应力波长比杆件的径向尺寸大得多时,这一近似假定所引起的误差是可以忽略的[9]。

②试件应力均匀化假定。在 SHPB 试验中,试件两端的应力、应变必须是均匀的。当在界面Ⅰ处产生反射波以及在界面Ⅱ处产生透射波,试件两端的应力是不相等的,应力波在试件内部不断在界面Ⅰ和界面Ⅱ之间往返地传播。由于混凝土材料与钢材的波阻抗比约为 0.25,因此在透射波达到峰值前,应力波在试件内部的界面Ⅰ和界面Ⅱ之间至少经过 4 次反射、透射,试件两端基本上实现应力平衡($b_1 = c_2$)[10]。可通过减小试件的长径比、增长入射波的长度、在入射杆的加载端设置波形整形器以满足试件应力均匀化假定。

SHPB 试验结果的准确性、可靠性同试验过程是否遵守上述两个基本假定密切相关,因此在试验过程中应充分考虑弥散效应、端面摩擦效应、径向惯性效应以及试件端面不平整等因素对 SHPB 冲击试验的影响。

2.3.1　弥散效应

应力波在杆件中传播时不仅存在纵向应力波,还存在由径向惯性效应引起的径向应力波,导致应力波在传播过程中不能保持初始波形,各谐波分量以各自的相速传播,波形上升时间较短,出现高频震荡的现象,称为弥散效应。研究表明可采用以下方法来降低和避免弥散效应对试验结果的影响：

①解析修正法。Pochhammer 和 Chree 给出了考虑径向惯性效应的应力波在弹性杆件中传播的解析解[11-12]：

$$C_P \approx C_0 \left[1 - \pi^2 \nu^2 \left(\frac{r}{\lambda} \right)^2 + \cdots \right] \tag{2-8}$$

式中，C_P和 λ 分别表示组成应力脉冲某个谐波的相速度和波长；C_0 表示杆件中一维应力波的波速；ν 和 r 分别表示弹性杆件的泊松比和半径。由该式可知，组成应力脉冲的各谐波是以各自的相速度 C_P传播的，频率高(波长短)的应力波传播速度慢，频率低(波长长)的应力波传播速度快，因此应力脉冲在杆件中传播时不可避免地发生弥散。

②杆件尺寸控制法。相对于金属材料的均质性和连续性，混凝土类材料是一种非均质、不连续的材料，集料周围及材料内部布满大量不规则裂缝和气泡等缺陷。为保证试验数据能准确反映材料特性，必须设计大尺寸的试件和加载杆，然而杆件直径的增加将会放大质点的径向惯性运动，加剧波形弥散，因此混凝土材料在大直径杆件加载条件下受到波形弥散的影响较大。为减轻弥散效应对试验结果的影响，国内学者[13]针对大尺寸试件设计了直锥变截面 SHPB 试验装置，获得半正弦加载波，以此来消除波形的振荡。国外学者多采用小直径杆件的 SHPB 试验装置，大大削弱波形弥散的影响。

③波形整形法。在入射杆的撞击端设置一枚软质材料，对入射波进行物理光滑，以消除入射波中的高频谐波成分[14]。软质材料可以选择橡胶、铝、紫铜和黄铜等[15]。对于 UHPC，Mostafa 通过冲击试验表明，铜相对于铝更适合用于制作波形整形器[16]。

2.3.2 端面摩擦效应

由于试件与杆件的端面加工不光滑和泊松比不一致，导致在冲击作用下两者的径向变形存在差异，从而两者之间出现对试件材料特性判断影响较大的端面摩擦效应[17]，破坏了试件的一维应力状态。王晓燕等[18]基于端面摩擦效应试验，指出材料泊松比、端面摩擦系数、试件长径比、轴向应变是 SHPB 试验中端面摩擦效应的重要影响因素，为此，可采用以下方法来降低和避免端面摩擦效应对试验结果的影响：

①应力修正法。Malinowski 等[19]对实测应力进行修正，给出了修正后的应力表达式：

$$\sigma = \sigma_0 \left(1 - \frac{2\mu R_s}{3L_s} \right) \tag{2-9}$$

式中，σ_0和 σ 分别表示实测和修正后的试件应力；μ 表示端面摩擦系数；R_s 和 L_s分别表示试件的半径和长度。当 $2\mu R_s/3L_s = 1$ 时，端面摩擦效应可忽略不计。

②试件尺寸控制法。选取恰当的试件长径比，可减小冲击作用下试件的径向变形。为了将径向惯性和纵向惯性相互抵消，Davies[20]提出了一个试件设计准则：

$$L_s = \frac{\sqrt{3}}{2} R_s \tag{2-10}$$

③端面润滑法。在杆件与试件之间的端面涂抹凡士林、二硫化钼、石墨润滑脂等润滑剂，减小端面摩擦力。

2.3.3　径向惯性效应

在高应变率下，SHPB 试验的试件通常处于三轴压缩状态而非理想的单轴压缩状态，短试件不可避免地出现由泊松效应和塑性流动引起的径向惯性效应，在一定程度上提高混凝土试件的动态抗压强度，这是由于混凝土试件在径向没有充足时间产生足够的内部裂缝，从而在试件中心部位出现一定的约束应力，导致试件中心部位的抗压强度得到一定的提高，表现出"明显"的应变率效应。Wang[21]等进一步表示当应变率小于 $100s^{-1}$ 时，混凝土试件的径向惯性约束可以忽略不计。为此，可采用以下方法来降低和避免径向惯性效应对试验结果的影响：

①应力修正法。Gorham[22]提出了一个较为完善的模型，并给出了修正惯性力的应力计算公式：

$$\sigma = \frac{1}{2}(P_1 + P_2) + \rho_s\left(\frac{a^2}{8} + \frac{h^2}{12}\right)\ddot{\varepsilon} + \rho_s\left(\frac{a^2}{16} - \frac{h^2}{12}\right)\dot{\varepsilon}^2 \tag{2-11}$$

式中，σ 表示试件的等效轴向应力；P_1 和 P_2 分别表示试件两端的压力；ρ_s 表示试件的密度；h 和 a 分别表示试件的长度和半径；$\dot{\varepsilon}$ 和 $\ddot{\varepsilon}$ 分别表示试件的应变对时间的一阶导数和二阶导数。

陶俊林等[23]在此基础上综合分析了试件惯性效应和界面摩擦效应对试验结果的影响，给出了一个更具一般性的修正公式：

$$\sigma = \frac{1}{2}(P_1 + P_2)\left(1 - \frac{2\eta a}{3h}\right) + \rho_s\left(\frac{a^2}{8} + \frac{h^2}{12}\right)\ddot{\varepsilon} + \rho_s\left(\frac{h^2}{12} - \frac{a^2}{16}\right)\dot{\varepsilon}^2 \tag{2-12}$$

式中，η 表示界面摩擦系数。

②试件尺寸控制法。陶俊林[24]通过理论分析指出波形弥散效应、端面摩擦效应对径向惯性效应存在增幅作用，恒定应变率加载、合理的试件长径比和端面润滑均能有效减轻径向惯性效应的影响，经过进一步分析得出圆柱体试件的最佳尺寸比为：

$$\frac{h}{a} = 0.875 + 0.540\varepsilon_e \tag{2-13}$$

式中，ε_e 表示试件的最终应变。

2.3.4　试件端面不平整

混凝土类材料表面通常存在较多缺陷，而且在打磨过程中难以保证混凝土试件端面的平整度和平行度，杆件与试件之间接触不充分、接触面之间不平行导致试件受力不均匀，从而对 SHPB 试验结果造成较大的影响。为此，可采用以下方法来消除试件端面不平整对试验结果的影响：

①设置万向头法。通过在试件与入射杆之间设置直径和材质同霍普金森压杆一致的圆柱体万向头，中间用圆弧面隔断形成一个活动铰接[25]。当入射杆撞击时，万向头的接触面受到挤压而转动，从而使杆件与试件之间形成平面接触。针对试验过程中万向头可能由于撞击而破碎，可在万向头上加装一个轻质塑料套筒[26]（图 2-2）。梁小燕等[27]将万向头置于试件与透射杆之间，对不设置万向头与设置万向头的波形进行对比，表明设置万向头可以明

显减少非接触反射,减轻高频振荡。

②端面精密加工法。陶俊林[28]指出提高接触端面精密加工程度也可以满足测试对接触端面平行度的需求。

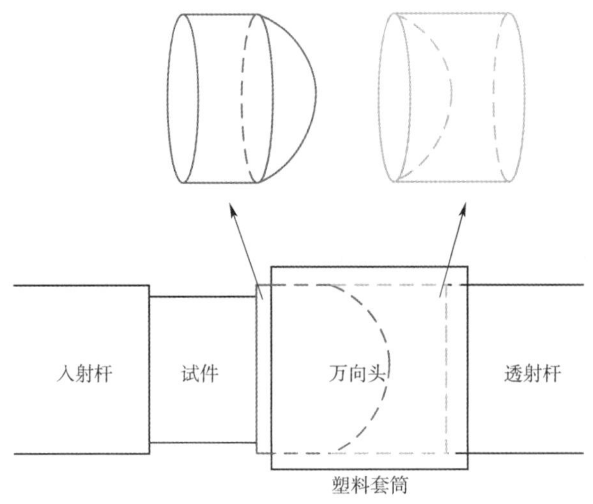

图 2-2　万向头装置示意图

2.4　霍普金森压杆衍生装置

随着混凝土材料在基础建设领域和国防、军工等重点工程中应用日趋广泛,混凝土类脆性材料的冲击动力特性研究对霍普金森压杆冲击测试技术提出了更高的要求,为此国内外学者根据不同研究需求对传统霍普金森压杆冲击测试技术进行了有益改进,为混凝土类脆性材料的冲击动力特性研究提供了可靠的试验研究基础。

2.4.1　直锥变截面霍普金森压杆装置

普通混凝土是一种非均质、不连续的材料,集料的尺寸较大,而且集料周围及材料内部布满大量不规则裂缝和气泡等缺陷。为保证试验数据能准确反映材料特性,必须设计大尺寸的试件和加载杆,然而杆件直径的增加将会放大质点的径向惯性运动、加剧波形弥散,因此国内学者[13]针对大尺寸试件设计了直锥变截面 SHPB 试验装置(图 2-3),获得半正弦加载波,以此来减轻弥散效应对试验结果的影响。例如,鞠杨[29] SHPB 试验装置的入射杆采用直锥变截面杆,全长 3200mm,靠近撞击杆端为长 50mm 的等直径段,直径为 37mm,在 400mm 的过渡段内直径由 37mm 渐变为 74mm,然后采用 74mm 的等直径杆。

胡时胜[5]系统分析了应力脉冲在这种直锥变截面杆中的传播特性。矩形脉冲从直锥变截面杆的小端进入大端,其透射波的峰值和平台的放大倍率仅与大、小端的直径之比有关,一维应力波理论所提供的式(2-1)~式(2-3)仍然有效。而透射波的波形,尤其是波形的头部则与直锥变截面过渡段的几何形状有关,过渡段的长度越大,即半锥角 α 越小,透射波在横截面上的应力分布越均匀,导致波形从峰值到平台所需的时间越长。相反,过渡段的长度越小,虽然波形从峰值到平台所需的时间缩短了,但难以满足一维应力波传播假定。

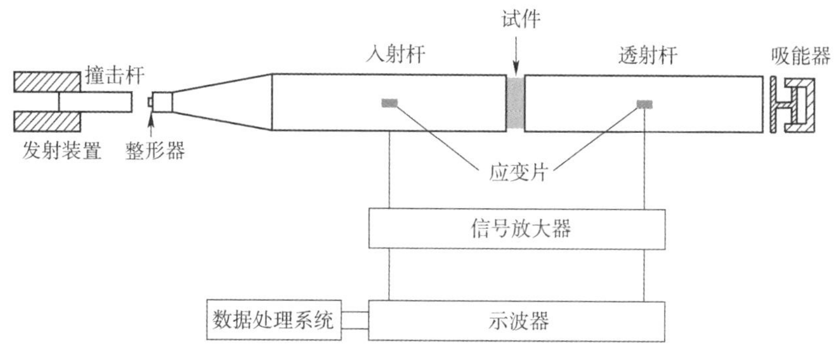

图 2-3　直锥变截面霍普金森压杆装置

此外，与圣维南原理类似，直锥变截面杆过渡段所引起的二维效应随离锥形段距离的增加而减弱，且透射波传播距离的增加进一步改善了应力分布的均匀性，导致整个波形尤其是前面部分得到了改善。

2.4.2　不同撞击杆形状的霍普金森压杆装置

为探讨不同入射应力波形状对岩石动态破坏形态的影响，李夕兵等[30]设计了多种形状的撞击杆，得到了如图 2-4 所示的不同形状撞击杆及对应的入射波形，设计的应力波延续时间均为 100μs。

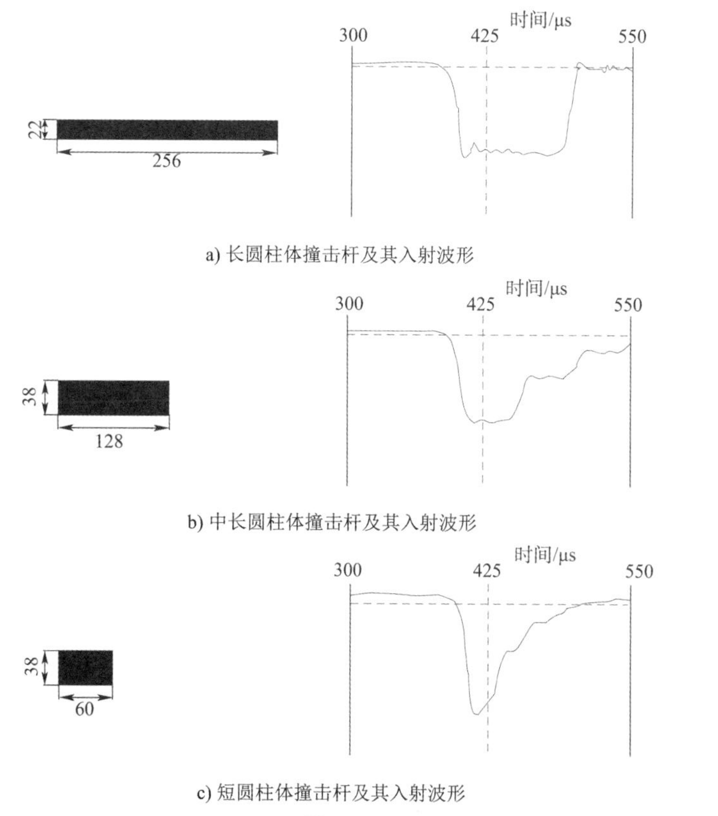

a) 长圆柱体撞击杆及其入射波形

b) 中长圆柱体撞击杆及其入射波形

c) 短圆柱体撞击杆及其入射波形

图　2-4

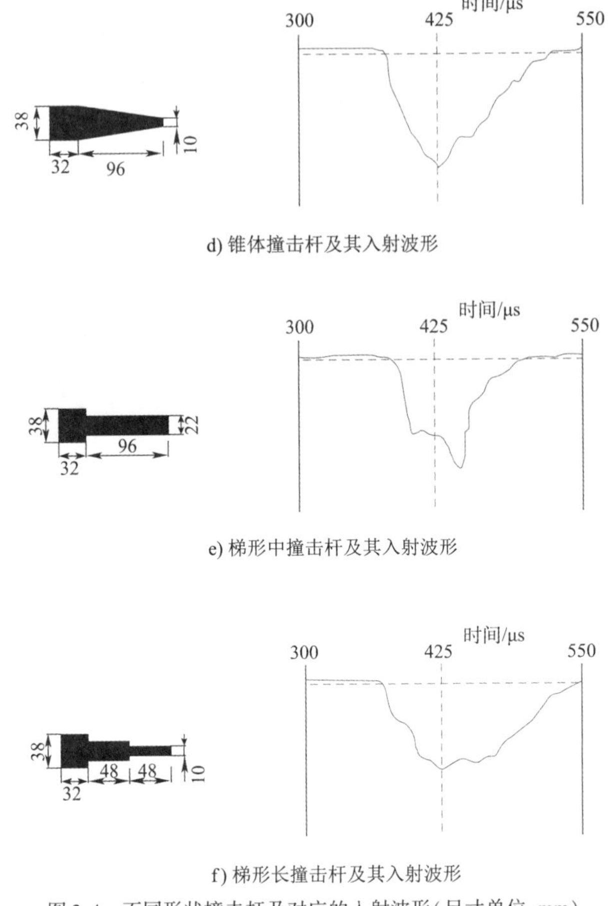

d) 锥体撞击杆及其入射波形

e) 梯形中撞击杆及其入射波形

f) 梯形长撞击杆及其入射波形

图 2-4　不同形状撞击杆及对应的入射波形(尺寸单位:mm)

从图 2-4 可以看出:矩形波(a)、似钟形波(b)和指数衰减波(f)的延续时间约为 100μs。由于应力波的延续时间主要取决于撞击杆的几何结构,因此试验中应力波的延续时间是确定的。试验结果表明在应力波加载条件下,不论何种入射加载波形和加载条件,只要入射波有足够的时间使岩石试件发生破裂,岩石试件动态破碎强度将与加载波形和延续时间无关。

2.4.3　三轴霍普金森压杆装置

为研究材料在围压条件下的动力特性,1966 年研制出了围压达 700MPa 的三轴霍普金森压杆装置[31]。20 世纪 80 年代,日本北海道大学在 SHPB 试验装置的基础上开发了三轴霍普金森压杆装置,如图 2-5 所示[32-33]。试验装置的发射系统采用氮气发射装置,延续时间约为 100μs,最高冲击速度可达 25m/s,冲头和弹性杆直径均为 25.4mm。试件放置于如图 2-6 所示的压力容器内,通过液压传动装置施加最大围压达 100MPa 的静荷载。当输入杆被撞击后,对试件施加轴向冲击荷载,通过设置不同的围压值,探讨混凝土类脆性材料所受围压对其动态力学性能的影响。

由于试验装置的输入杆、试件和输出杆均为圆柱体,施加的围压在径向是相同的,因此施加围压装置不仅可采用上述的油压驱动,还可采用固体套筒[34-35]。通过固定套筒施加围压的试验装置如图 2-7 所示。该系统包括气炮、冲头、两个输入杆、输入管、输出杆、输出管、塑料套筒和铝质套筒等。

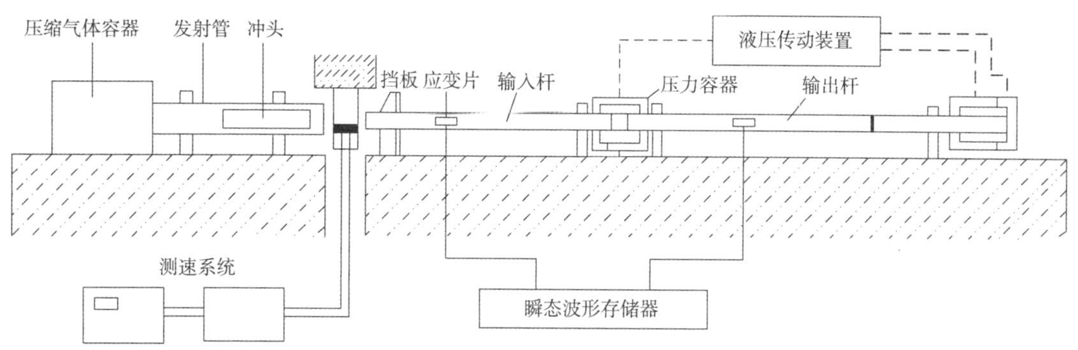

图 2-5　三轴霍普金森压杆装置(采用油压驱动施加围压)

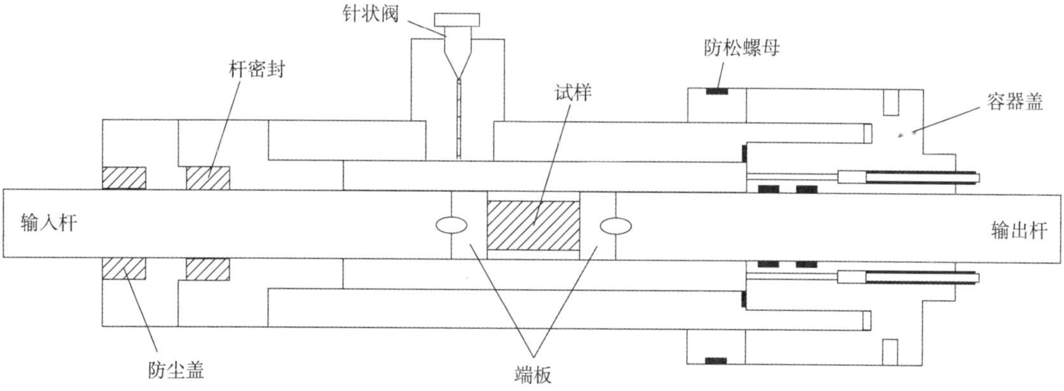

图 2-6　压力容器

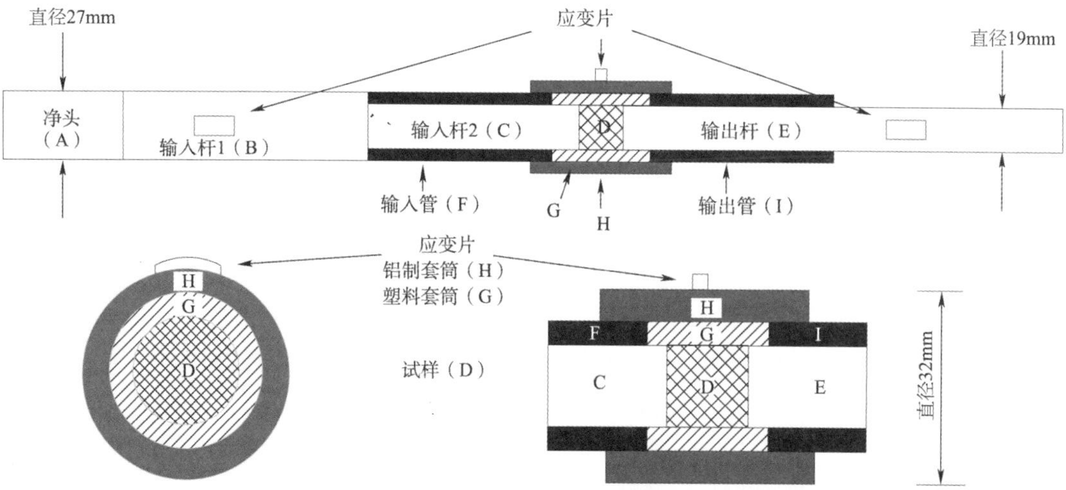

图 2-7　三轴霍普金森压杆装置(采用固体套筒施加围压)

与普通的 SHPB 试验装置相比,主要是增加了一个输入杆、输入管、输出管及施加围压的套筒装置。其中输入杆 1 直径为 27mm,输入杆 2 直径为 19mm,试件直径同输入杆 2、输出杆的直径相同,安装在塑料套筒内。铝质套筒的弹性模量为70GPa,泊松比为0.3,可承受500MPa的压强,以保证试验过程中施加足够大的试件围压。进行试验时,首先由冲头冲击输入杆1,输入杆1上的应变片记录入射应力波;应力波由输入杆1撞击输入杆2和输入管,并由输入杆2传递到试件,再由试件传递给输出杆,输出杆上的应变片记录透射应力波,按照一维应力波理论对试验数据进行处理。该系统的内部围压按照下式进行计算:

$$\sigma_{\mathrm{r}} = -\frac{(D_0^2 - D_1^2)\varepsilon_\theta E_{\mathrm{c}}}{2D_1^2} \tag{2-14}$$

式中,σ_{r}表示内部围压;D_0表示铝制套筒的外直径;D_1表示铝制套筒的内直径;ε_θ表示铝制套筒外围所测到的环向应变;E_{c}表示材料弹性模量。

2.4.4 霍普金森杆劈裂装置

根据试件形状的不同,霍普金森杆劈裂装置主要分为两种:巴西圆盘冲击劈裂装置和半圆盘冲击劈裂装置。

2.4.4.1 巴西圆盘冲击劈裂装置

巴西圆盘冲击劈裂装置与冲击压缩试验装置基本一致,如图2-8所示。试验时,选取圆柱体试件放置于入射杆和透射杆之间,但加载面改为试件的侧面,且在试件中心粘贴应变片记录波形曲线,根据波形上的突变点确定试样的破坏应变[36]。

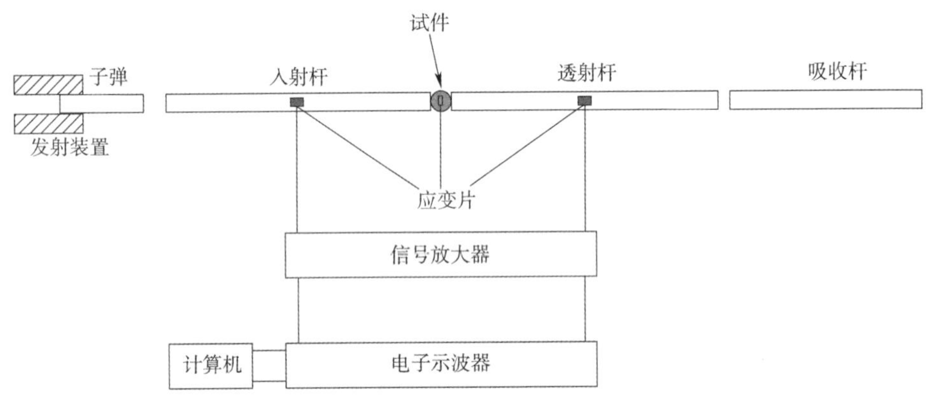

图2-8 霍普金森杆巴西圆盘冲击劈裂装置

将入射杆和试件的接触端面看作端面1,将透射杆和试件的接触端面看作端面2。与冲击压缩试验类似,$\varepsilon_{\mathrm{I}}(t)$、$\varepsilon_{\mathrm{R}}(t)$和$\varepsilon_{\mathrm{T}}(t)$分别表示由应变片测得的杆件上$t$时刻入射波、反射波和透射波信号。$A_{\mathrm{b}}$表示杆件的横截面积(杆件直径为$D_{\mathrm{b}}$),$E_{\mathrm{b}}$表示杆件的弹性模量。根据一维弹性波传播理论,试件和弹性杆接触的端面1和端面2的位移分别用u_1和u_2表示,两个端面的应变分别用ε_1和ε_2表示,则有:

$$u_1 = \int_0^t C_0 \varepsilon_1 \mathrm{d}t \tag{2-15}$$

$$u_2 = \int_0^t C_0 \varepsilon_2 \mathrm{d}t \tag{2-16}$$

式中,C_0表示弹性杆中的波速。

在冲击过程中，入射波到达入射杆与试件接触端面 1 时，将会产生反射波，因此端面 1 处的应变 ε_1 包括了入射应变 $\varepsilon_{\mathrm{I}}(t)$ 和反射应变 $\varepsilon_{\mathrm{R}}(t)$ 两部分，即 $\varepsilon_1 = \varepsilon_{\mathrm{I}}(t) - \varepsilon_{\mathrm{R}}(t)$。端面 1 处的位移 u_1 可表示为：

$$u_1 = \int_0^t C_0[\varepsilon_{\mathrm{I}}(t) - \varepsilon_{\mathrm{R}}(t)]\mathrm{d}t \tag{2-17}$$

端面 2 处的位移只与透射应变 $\varepsilon_{\mathrm{T}}(t)$ 有关，因此有：

$$u_2 = \int_0^t C_0\varepsilon_{\mathrm{T}}(t)\mathrm{d}t \tag{2-18}$$

端面 1、2 之间的位移差即为试件加载方向的整体位移，则有：

$$u_{\mathrm{s}} = u_1 - u_2 = \int_0^t C_0[\varepsilon_{\mathrm{I}}(t) - \varepsilon_{\mathrm{R}}(t)]\mathrm{d}t - \int_0^t C_0\varepsilon_{\mathrm{T}}(t)\mathrm{d}t = \int_0^t C_0[\varepsilon_{\mathrm{I}}(t) - \varepsilon_{\mathrm{R}}(t) - \varepsilon_{\mathrm{T}}(t)]\mathrm{d}t \tag{2-19}$$

式中，u_{s} 表示试件加载方向的整体位移。

根据一维弹性波理论，并且考虑加载时间，可知端面 1、2 处的荷载分别为：

$$P_1(t) = E_{\mathrm{b}}A_{\mathrm{b}}[\varepsilon_{\mathrm{I}}(t) + \varepsilon_{\mathrm{T}}(t)] \tag{2-20}$$

$$P_2(t) = E_{\mathrm{b}}A_{\mathrm{b}}\varepsilon_{\mathrm{T}}(t) \tag{2-21}$$

试件两端的平均加载力 $P(t)$ 为：

$$P(t) = \frac{P_1(t) + P_2(t)}{2} = E_{\mathrm{b}}A_{\mathrm{b}}\frac{\varepsilon_{\mathrm{I}}(t) + \varepsilon_{\mathrm{R}}(t) + \varepsilon_{\mathrm{T}}(t)}{2} \tag{2-22}$$

利用半正弦波加载时，试件两端可以达到受力平衡状态。因此可以引入平衡性假设：

$$\varepsilon_{\mathrm{I}} + \varepsilon_{\mathrm{R}} = \varepsilon_{\mathrm{T}} \tag{2-23}$$

将式(2-23)代入式(2-19)和式(2-22)，化简为：

$$u_{\mathrm{s}} = -2\int_0^t C_0\varepsilon_{\mathrm{R}}(t)\mathrm{d}t \tag{2-24}$$

$$P(t) = E_{\mathrm{b}}A_{\mathrm{b}}\varepsilon_{\mathrm{T}}(t) \tag{2-25}$$

式(2-21)和式(2-22)即为霍普金森杆劈裂试验的通用公式。在处理试验数据时，为减小试验误差，建议采用“三波法”进行计算。选取 $P(t)_{\max}$ 进行计算，即可得到冲击劈裂下的间接抗拉强度：

$$\sigma_{\mathrm{t}} = \frac{2P(t)_{\max}}{\pi D_{\mathrm{s}}L_{\mathrm{s}}} = \frac{2E_{\mathrm{b}}A_{\mathrm{b}}\varepsilon_{\mathrm{T}}(t)}{\pi D_{\mathrm{s}}L_{\mathrm{s}}} \tag{2-26}$$

式中，L_{s} 和 D_{s} 分别表示试件的长度和直径；E_{b} 表示杆件的弹性模量；A_{b} 表示杆件的横截面积(杆件直径为 D_{b})。

2.4.4.2　半圆盘冲击劈裂装置

半圆盘三点弯(Semi-Circular Bending, SCB)动态拉伸加载试验与巴西圆盘动态拉伸试验采用相同的加载平台和测试方法。在霍普金森杆劈裂装置上实现半圆盘试件动态拉伸强度的测试，主要是在霍普金森杆劈裂装置的输出杆与试件接触端面放置两根小圆柱棒(间距为 S)，使试件的圆盘直径面与小圆柱接触，试件另一端与输入杆接触，试验过程中从输入杆端对试件施加载荷 P，则小圆柱棒受力大小为 $P/2$，形成一个以圆心为最大应力集中点的三点弯加载，试件半径为 R，厚度为 L，如图 2-9 所示。

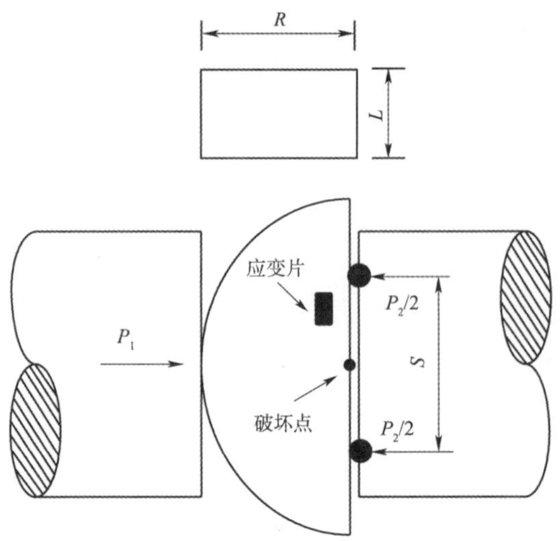

图 2-9　霍普金森杆半圆盘冲击劈裂装置

为了确定半圆盘三点弯拉伸强度,Dai 和 Xia 等[37]通过试验过程中记录的试件破坏临界压力值,求出最大应力集中点的应力值为:

$$\sigma_t = \frac{P_{max}}{\pi LR} Y\left(\frac{S}{2R}\right) \tag{2-27}$$

式中,P_{max}表示试件输入端加载力;Y表示$S/2R$的无量纲函数,可根据不同试件计算得到的Y值拟合得到如下公式[37]:

$$Y\left(\frac{S}{2R}\right) = 2.22 + 2.87\left(\frac{S}{2R}\right) + 4.54\left(\frac{S}{2R}\right)^2 \tag{2-28}$$

并且研究结果表明,适用于静态范围的应力波峰值强度因子的计算公式可以推广到动态加载范围内,从而探讨混凝土类脆性材料的动态拉伸性能[37-38]。

2.4.5　霍普金森杆轴拉装置

轴向冲击拉伸试验将生成的压缩应力波输入到一定长度的试件,当压缩波到达试件自由面后反射转换成拉伸波而引起试件层裂,因此也可以称为层裂试验。目前轴向冲击拉伸试验一般采用霍普金森杆(Hopkinson Pressure Bar, HPB)轴拉装置,它是在 SHPB 的基础上去掉透射杆,并将入射杆改为直锥变截面的压杆,如图 2-10 所示。试验时,将一定长度的圆柱体试件置于入射杆后面,一端与入射杆相接,另一端为自由端,当子弹以一定速度撞击入射杆端部时,会产生一个经入射杆传至试件的入射波(压缩波),然后在试件的自由端面反射形成反射波(拉伸波),反射波与入射波在靠近自由端位置相互叠加并形成拉应力区。根据最大拉应力瞬时断裂准则,当产生的拉应力达到或超过试件的动态拉伸断裂临界值时,就会立即发生层裂[39],也意味着形成了新的自由面,入射波再次在新的自由面发生反射,从而产生多层层裂。试验中入射波和反射波信号可分别由粘贴在变截面杆和混凝土试件上的应变片测得,其中变截面杆上应变片测得的信号峰值用于计算试件的初始应力,试件上应变片测得的入射波和反射波信号经数据处理可得到试件中应力波传播到自由端反射后与入射波叠加生成的净拉伸波,最后基于试验结束测得的层裂位置和拉伸波峰值交点确定层裂强度

σ_F,其中层裂位置的应变率由式(2-29)确定:

$$\dot{\varepsilon} = \frac{\sigma_F}{E_c \Delta t} \tag{2-29}$$

式中,$\dot{\varepsilon}$ 表示名义平均应变率(s^{-1});σ_F表示层裂强度;E_c表示试件拉伸弹性模量;Δt 表示从出现净拉伸波到层裂发生经过的时间。

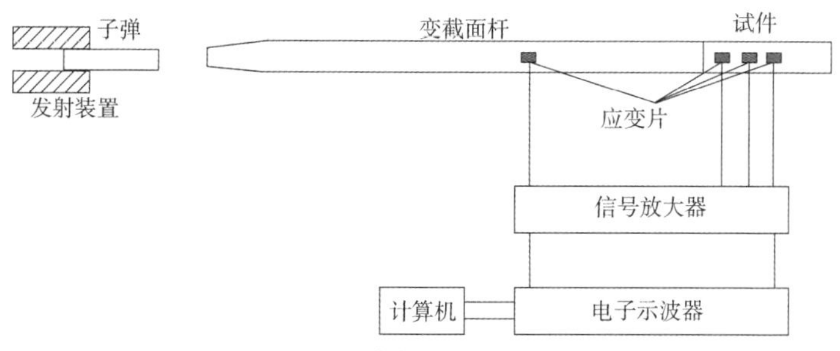

图 2-10　霍普金森杆轴拉装置

2.4.6　霍普金森杆扭转装置

为克服压缩和拉伸杆中纵波传播时的径向惯性效应及试件与杆件接触处的摩擦效应,Duffy 和 Campbell 首次提出了霍普金森杆扭转装置[40-42]。加载杆的中间位置有一段锥形块,用环氧树脂将其与固定的夹盘相黏合。为产生扭转波,加载杆的一端通过电动机和减速齿轮慢慢地旋转,施加的扭矩被储存在加载块,直到环氧树脂黏合处达到其断裂时的扭矩。此时,储存的扭矩迅速释放,扭矩传递到加载杆的右边,该加载扭矩的大小是释放扭矩的一半,等于传递到右边的卸载扭矩,如图 2-11 所示。图中 A、B、C、D、E 均为应变片,分别记录加载扭矩、加载弯矩、传递扭矩、卸载扭矩、卸载弯矩。

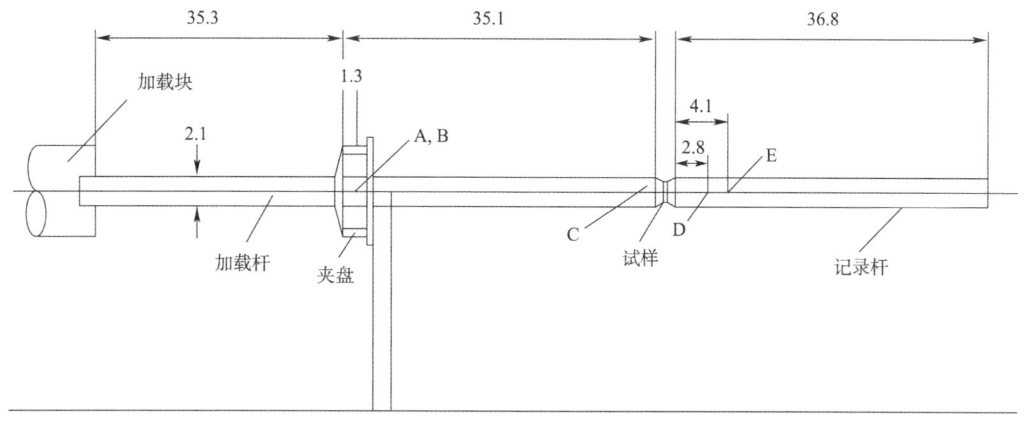

图 2-11　霍普金森杆扭转装置(尺寸单位:mm)

Stevenson 等[43]在上述学者研究工作的基础上,进一步改进了霍普金森杆扭转装置,其工作原理如图 2-12 所示,图中 A ~ G 均为应变片,分别记录加载扭矩、启动扭矩、输入扭矩 T_1、传递弯矩 1、传递弯矩 2、传递弯矩 3、输出扭矩 T_2。薄壁圆环试件采用环氧树脂胶粘在输入杆和输出杆之间,杆件采用直径 25.4mm 的 230 钛合金(含铜 2.5%)实心均质杆。在接近试件处有一个止动夹具,它通过一个中间带环形槽的螺杆夹紧输入杆,然后在输入杆一端由电动机经减速器借助卡盘使其做弹性扭转,储存预先确定的扭矩,扭矩大小由应变片 A 测量。试验开始,继续拧紧带槽螺杆,直至断裂。夹具突然释放,一个均匀的、大小等于储存扭矩一半的扭转脉冲作为加载波沿输入杆传播,加载波的大小由应变片 C 测量。若该加载波足够大,将导致试件的有效截面扭矩区域变换成塑性流动区,相当于试件塑性剪应力的部分扭矩波从试件的另一端传入输出杆,由应变片 G 测量。试件朝相同方向继续扭转,直到这部分扭矩波从系统的另一端反射回试件。杆件越长,扭转试验持续时间越长。对于给定应变率,试验的势应变与试验持续时间成正比。考虑到该系统的杆长,试验持续时间可达 10^{-3}s,若剪应变率大于 $10^3 s^{-1}$,则可得到大于 1 的剪应变。试件剪应变率的计算式如下:

$$\dot{\gamma} = \frac{2(T_1 - T_2)}{J\rho C} \cdot \frac{r_m}{l} \tag{2-30}$$

式中,T_1表示入射扭矩;T_2表示透射扭矩;J、ρ 和 C 分别表示杆件的惯性矩、密度和扭转波速;r_m和 l 分别表示试件平均半径和有效测量长度。

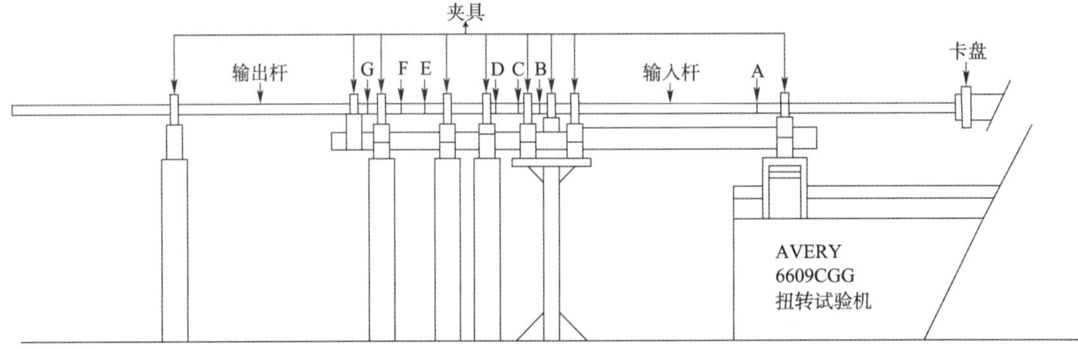

图 2-12　改进的霍普金森杆扭转装置

因此如上式所示,若试件几何尺寸已确定,则可通过扭矩 T 来控制试件中的剪应变率。绝热引起的加工硬化和热软化可能导致 T_2 在试验中发生变化,但是由于 $T_1 \geqslant T_2$,所以应变率仍保持基本恒定。

霍普金森杆扭转装置的优点是避免径向惯性效应和应变的不均匀性,杆中一次弹性波的传播不存在弥散效应,而且势应变与应变率耦合,因此可以在高应变率条件下进行大应变扭转试验。

霍普金森杆扭转装置存在的主要技术问题是弯曲波的介入。与 Lewis 和 Campell 的装置相比[40-42],Stevenson 等[43]设计了一种新的夹具,改进了夹具与支承的排列,在夹具两侧增加了支承,改用箱式支承座,并且用钢支承代替聚四氟乙烯支承,以增强扭转装置的刚性,用激光定向仪校正支承位置,其目的是给予试件一个稳定的输入扭矩,减少不必要的弯曲波。弯曲波会导致试件塑性弯曲,用应变片 D、E、F 监测系统中存在的弯矩值。

2.5　研究小结

本章描述了霍普金森压杆冲击测试技术的发展历程,详细介绍了 SHPB 试验的基本原理,阐述了 SHPB 试验中存在的问题并提出了相应的解决方法,最后总结了 6 种霍普金森压杆衍生装置,得到了以下结论:

①应用霍普金森杆开展冲击试验研究是目前 UHPC 动态力学性能研究最主要的手段,

为保证数据的准确性和可靠性，必须满足一维应力波传播假定、试件应力均匀化假定，并充分考虑弥散效应、端面摩擦效应、径向惯性效应以及试件端面不平整等因素对冲击试验结果的影响。

②在SHPB试验中，利用一维应力下的弹性波在细长杆中传播时无畸变的特性，采用细长杆件以满足一维应力波传播假定；可通过减小试件的长径比、增加入射波的长度、在入射杆的加载端设置波形整形器以满足试件应力均匀化假定。

③在SHPB试验中，采用解析修正法、杆件尺寸控制法、波形整形法以避免和减轻弥散效应对试验结果的影响，采用应力修正法、试件尺寸控制法、端面润滑法以降低和减轻端面摩擦效应、径向惯性效应对试验结果的影响，采用设置万向头法和端面精密加工法以消除试件端面不平整对试验结果的影响。

④随着混凝土材料在基础建设领域和国防、军工等重点工程中应用日趋广泛，混凝土类脆性材料的冲击动力特性研究对霍普金森压杆冲击测试技术提出了更高的要求，为此国内外学者根据不同研究需求对传统霍普金森压杆冲击测试技术进行了改进，为混凝土类脆性材料的冲击动力特性研究提供了可靠的试验研究基础。

本章参考文献

[1] HOPKINSON B. A method of measuring the pressure produced in the detonation of high explosives or by the impact of bullets[J]. Proceedings of the Royal Society of London, 1914, 89(612): 411-413.

[2] KOLSKY H. An investigation of the mechanical properties of materials at very high rates of loading[J]. Proceedings of the Physical Society, 1949, 62(11): 676.

[3] LINDHOLM U S. Some experiments with the split Hopkinson pressure bar[J]. Journal of the Mechanics and Physics of Solids, 1964, 12(5): 317-335.

[4] ROSS C A, THOMPSON P Y, TEDESCO J W. Split-Hopkinson pressure-bar tests on concrete and mortar in tension and compression[J]. ACI Materials Journal, 1989, 86(5): 475-481.

[5] 刘孝敏, 胡时胜. 应力脉冲在变截面SHPB锥杆中的传播特性[J]. 爆炸与冲击, 2000(2): 110-114.

[6] 刘剑飞, 胡时胜, 胡元育, 等. 花岗岩的动态压缩实验和力学性能研究[J]. 岩石力学与工程学报, 2000(5): 618-621.

[7] 姜锡权, 胡时胜. 霍普金森杆实验技术发展综述[C]//Hopkinson杆实验技术研讨会会议论文集. 2007.

[8] REN L, YU X M, HE Y, et al. Numerical investigation of lateral inertia effect in dynamic impact testing of UHPC using a split-Hopkinson pressure bar[J]. Construction and Building Materials, 2020, 246: 118483.

[9] 王礼立. 应力波基础[M]. 北京: 国防工业出版社, 2005.

[10] DAVIES E D H, HUNTER S C. The dynamic compression testing of solids by the method of the split Hopkinson pressure bar[J]. Journal of the Mechanics and Physics of Solids, 1963, 11(3): 155-179.

[11] DAVIES P R M. Stress waves in solids[J]. Nature, 1954, 1(6): 88-110.

[12] KOLSKY H. Stress waves in solids[M]. Oxford: Oxford University Press, 1953.

[13] 董钢, 巫绪涛, 杨伯源, 等. 直锥变截面 Hopkinson 压杆实验的数值模拟[J]. 合肥工业大学学报(自然科学版), 2005, 28(7): 795-798.

[14] 张胜林, 朱培呈, 董新龙. 大尺寸 Hopkinson 压杆实验若干问题讨论[J]. 兵工学报, 2009(2): 288-291.

[15] NAGHDABADI R, ASHRAFI M J, ARGHAVANI J. Experimental and numerical investigation of pulse-shaped split Hopkinson pressure bar test[J]. Materials Science and Engineering, 2012, 539(2): 285-293.

[16] HASSAN M, WILLE K. Experimental impact analysis on ultra-high performance concrete (UHPC) for achieving stress equilibrium (SE) and constant strain rate (CSR) in split Hopkinson pressure bar (SHPB) using pulse shaping technique[J]. Construction and Building Materials, 2017, 144: 747-757.

[17] 方秦, 洪建, 张锦华, 等. 混凝土类材料 SHPB 实验若干问题探讨[J]. 工程力学, 2014, 31(5): 1-13.

[18] 王晓燕, 卢芳云, 林玉亮. SHPB 实验中端面摩擦效应研究[J]. 爆炸与冲击, 2006, 26(2): 134-139.

[19] MALINOWSKI J Z, KLEPACZKO J R. A unified analytic and numerical approach to specimen behaviour in the split Hopkinson pressure bar[J]. International Journal of Mechanical Sciences, 1986, 28(6): 381-391.

[20] DAVIES E D H, HUNTER S C. The dynamic compression testing of solids by the method of the split Hopkinson pressure bar[J]. Journal of the Mechanics and Physics of Solids, 1963, 11(3): 155-179.

[21] WANG S, ZHANG M H, QUEK S T. Mechanical behavior of fiber-reinforced high-strength concrete subjected to high strain-rate compressive loading[J]. Construction and Building Materials, 2012, 31(6): 1-11.

[22] GORHAM A D. Specimen inertia in high strain-rate compression[J]. Journal of Physics: Applied Physics, 1989, 22(12): 1888-1893.

[23] 陶俊林. SHPB 实验中几个问题的讨论[J]. 西南科技大学学报, 2009, 24(3): 27-35.

[24] 陶俊林, 陈裕泽, 田常津. SHPB 系统圆柱形试件的惯性效应分析[J]. 固体力学学报, 2005, 26(1): 107-110.

[25] 孟益平, 胡时胜. 混凝土材料冲击压缩试验中的一些问题[J]. 实验力学, 2003, 18(1): 108-112.

[26] 胡金生, 唐德高, 陈向欣, 等. 提高大直径 SHPB 装置试验精度的方法[J]. 解放军理工大学学报(自然科学版), 2003, 4(1): 71-74.

[27] 梁小燕，王勇华，王正道. RPC 材料冲击加载下的横向惯性和应变率效应[J]. 北京交通大学学报(自然科学版)，2008，32(4)：58-62.

[28] 陶俊林. SHPB 系统设计中的端面平行度要求分析[C]// 实验力学在国防科研领域中的应用研讨会会议论文. 2004.

[29] 鞠杨，盛国华，刘红彬，等. 高应变率下 RPC 动态力学性能的试验研究[J]. 中国科学：技术科学，2010(12)：53-67.

[30] 李夕兵，古德生. 岩石冲击动力学[M]. 长沙：中南工业大学出版社，1994.

[31] CHALUPNIK J D，RIPPERGER E A. Dynamic deformation of metals under high hydrostatic pressure[J]. Experimental Mechanics，1966，6(11)：547-554.

[32] 木下，重教，佐藤，等. On the mechanical behaviour of rocks under impulsive loading [J]. Bulletin of the Faculty of Engineering，Hokkaido University，1977：51-61.

[33] 川北稔，木下重教，于亚伦，等. 用三轴霍甫金松高速冲击试验机对岩石进行冲击试验的研究[J]. 有色金属，1983(6)：36-40.

[34] NEMAT-NASSER S，ISAACS J，ROME J. Triaxial Hopkinson techniques[C]//KUHN H，MEDLIN D. ASM Handbook Volume 08：Mechanical Testing and Evaluation. ASM International，2000，8：516-518.

[35] ROME J，ISAACS J，NEMAT-NASSER S. Hopkinson techniques for dynamic triaxial compression tests//GDOUTOS E E. Recent Advances in Experimental Mechnics. Netherlands：Kluwer Academic Publishers，2002：3-12.

[36] 宋小林，谢和平，王启智. 大理岩的高应变率动态劈裂实验[J]. 应用力学学报，2005，22(3)：419-425.

[37] DAI F，XIA K，LUO S N. Semicircular bend testing with split Hopkinson pressure bar for measuring dynamic tensile strength of brittle solids[J]. Review of Scientific Instruments，2008，79(12)：251.

[38] DAI F，XIA K. Loading rate dependence of tensile strength anisotropy of barre granite [J]. Pure and Applied Geophysics，2010，167(11)：1419-1432.

[39] RONG Z，WEI S. Experimental and numerical investigation on the dynamic tensile behavior of ultra-high performance cement based composites[J]. Construction and Building Materials，2012，31：168-173.

[40] DUFFY J，CAMPBELL J D，HAWLEY R H. On the use of a torsional split Hopkinson bar to study rate effects in 1100-O Aluminum[J]. Journal of Applied Mechanics，1971，38(1)：83-91.

[41] CAMPBELL B，DOWLING A R. The behaviour of materials subjected to dynamic incremental shear loading[J]. Journal of the Mechanics and Physics of Solids，1970，18(1)：43-63.

[42] LEWIS J L，CAMPBELL J D. The development and use of a torsional Hopkinson-bar apparatus[J]. Experimental Mechanics，1972，12(11)：520-524.

[43] 王敏杰. 动态塑性试验技术[J]. 力学进展，1988(1)：70-78.

第3章

混凝土材料典型冲击损伤模型

3.1 引　　言

UHPC 冲击试验试件都是在瞬间受到严重的破坏，一般很难通过测试得到材料内各点应力应变动态变化过程，从而对问题的分析造成困难。借助于数值模拟对冲击试验进行补充，是一种理想的研究手段。LS-DYNA 程序提供了丰富的材料损伤模型，可有效处理三维非线性结构在高速碰撞、爆炸冲击下的大变形动力响应，尤其是程序材料库中 KCC 模型、HJC 模型和 CSC 模型能较好地反映混凝土材料的应变率效应、软化、失效、损伤演化等动态特性，被广泛应用于 SHPB 试验的数值研究中[1-3]。

3.2 基于 LS-DYNA 程序的混凝土材料损伤模型

3.2.1 LS-DYNA 程序概述

3.2.1.1 发展历程

1976 年，John Hallquist 于美国 Lawrence Livermore 国家实验室开发完成了最早的 DYNA 程序。当时的 DYNA 程序主要用于求解非弹性结构（二维、三维）在高速碰撞、爆炸冲击下的大变形动力响应，之后功能不断扩展和完善，在武器结构设计、内弹道和终点弹道、军用材料研制等方面得到广泛应用。

1989 年，John Hallquist 为进一步推广 DYNA 程序，创建了自己的软件公司（Livermore Software Technology Corporation，LSTC），并将 DYNA 程序更名为 LS-DYNA，随后陆续推出了 930 版（1993 年）、936 版（1994 年），添加了汽车安全性分析、薄板冲压成型过程模拟和流体与固体耦合等新功能，并建立了完整的质量保障体系，使得 LS-DYNA 程序进一步在军事和民用领域中得到广泛应用。

1997 年，LSTC 公司将 LS-DYNA2D、LS-DYNA3D、LS-TOPAZ2D、LS-TOPAZ3D 等程序组装成一个程序包，即 LS-DYNA 940 版。由于 LS-DYNA 程序具有强大的后处理功能，MSC 公司、ANSYS 公司与 LSTC 公司合作，分别形成了 MSC/DYTRAN、ANSYS/LS-DYNA，同时新开发了后处理程序 LS-POST，并在此基础上开发了 LS-PREPOST，充分利用 ANSYS 的前后处理和统一数据库完善了其前处理功能，极大提高了 LS-DYNA 程序的前后处理能力和通用性。

随着 LSTC 公司快速发展,逐步推出了 950 版(1999 年)、960 版(2001 年)、970 版(2003 年)、971 版(2007 年)及最新的 R7.1 版(2014 年)。由于 LS-DYNA 程序的数值模拟功能强大,在碰撞分析(汽车、飞机、船舶等运输工具)、混凝土结构设计、公路桥梁设计、爆破结构设计、热分析、侵彻过程与爆炸成坑模拟分析、军用工程受碰撞和爆炸冲击的动力分析、军用新材料(炸药、复合材料、特种混凝土、特种金属等)的开发中得到了广泛的应用。

目前,LS-DYNA 程序已成为一种具备几何非线性(大位移、大转动和大应变)、材料非线性(140 多种材料动态模型)和接触非线性(50 多种接触模式)分析能力的大型有限元商用程序[4]。以 Lagrange 为主要算法,兼具 ALE 算法和欧拉算法;以显式求解为主要求解功能,兼具隐式求解功能,并且嵌入显式-隐式交替求解功能;以结构分析为主要功能,兼具热分析、流体-结构耦合分析功能;以非线性动力分析为主要功能,兼具静力分析功能[5]。LS-DYNA 程序具备以下优点:

①强大的分析能力。LS-DYNA 程序可以进行非线性动力分析、多刚体动力分析、准静态分析、热分析、流体-结构耦合分析、流体分析、有限元-多刚体动力耦合分析、水下冲击分析、失效分析、裂纹扩展分析、实时声场分析、多物理场耦合分析等功能。

②丰富的材料模型。LS-DYNA 程序包含弹性材料、塑料、玻璃、泡沫、金属、橡胶、蜂窝材料、复合材料、混凝土、土壤、炸药、推进剂、黏性流体、用户自定义材料(UDM)等材料模型。

③众多的单元类型。LS-DYNA 程序包含四边形壳单元、三角形壳单元、膜单元、六面体厚壳单元、二维实体单元、三维实体单元、梁单元、焊接单元、离散单元、束/索单元、安全带单元、节点质量单元等类型,同时各类单元拥有多种理论算法可供选择。此外,还有用于流体网格划分和形成流体-结构界面的欧拉六面体单元、欧拉边界单元。

④全面的接触算法。LS-DYNA 程序可以处理变形体-变形体接触、变形体-刚体接触、刚体-刚体、板壳结构单面接触、刚性墙接触、面-面固连接触、点-面固连接触、壳边-壳面固连接触、流体-固体接触等界面接触问题,并可考虑接触面的静/动摩擦力和固连失效。

⑤拥有初始条件、荷载和约束功能。LS-DYNA 程序中的初始条件包括初始速度、初应力、初应变、初动量、高能炸药起爆设置;荷载包括节点荷载、压力荷载、体力荷载、热荷载、重力荷载;约束包括循环约束、对称约束、透射边界、给定节点运动、节点约束、铆接、焊接,刚体之间的球形连接、旋转连接、柱形连接、平面连接、平移连接,位移/转动之间的线性约束、壳单元与固体单元之间的固连及带失效的节点固连。

⑥自适应的网格划分功能。在薄板冲压变形、薄壁结构受压屈曲、三维锻压等大变形情况下,采用自适应网格划分技术可以使变形严重的关键区域的网格更加准确。

⑦ALE 列式和欧拉列式。针对由单元严重畸变引起的数值计算困难,采用 ALE 列式和欧拉列式可以提高程序的计算效率,并实现流体-固体耦合的动态力学分析。

⑧光滑质点流体动力算法和边界元法。光滑质点流体动力算法(Smoothed Particle Hydrodynamics, SPH)是一种无网格的 Lagrange 算法,在超高速碰撞、靶体侵彻等模拟中具有极好的适用性。SPH 算法用一组具有流速的运动质点来表示物质,每一个 SPH 质点代表一个具有物理性质的插值点,用内插值函数计算全部质点可以求解出问题的解。边界元法(Boundary Element Method, BEM)用来求解流体绕刚体/变形体的稳态或瞬态流动,但仅限

于非黏性和不可压缩的附着流动。

⑨隐形求解。LS-DYNA 程序中的隐形求解用于非线性结构静动力分析，即结构固有频率和振型计算，并且可以显式-隐式交替求解，如在结构动力分析前添加预应力等。

⑩热分析。LS-DYNA 程序既可以进行稳态、瞬态热分析，也可以进行非线性热传导、静电场分析和渗流计算。

⑪不可压缩流场分析。LS-DYNA 程序中的不可压缩流场求解器可以用于分析瞬态、不可压、黏性流体动力问题。

⑫汽车安全性分析。LS-DYNA 程序中包含安全带、气囊、假人和汽车的材料模型，具备模拟汽车碰撞时结构破坏、分析人员安全性的能力。

⑬多功能控制选项，广泛支持多种类型的硬件平台。LS-DYNA 程序的多功能控制选项和用户子程序使用户在定义和分析问题时具有较大的灵活性，而且该程序几乎支持所有类型的工作站和操作平台。

3.2.1.2 程序算法

1）中心差分法

求解动力学振动响应问题的方法主要有时域法、频域法和响应谱法（冲击谱法）。其中，时域法根据解法的不同可分为直接积分法、模态叠加法和状态空间法，直接积分法又可分为中心差分法（显式）、Newmark 法（隐式）等。而 LS-DYNA 程序主要采用中心差分法求解动力学振动响应问题，现对中心差分法进行介绍。

已知 $0, t^1, t^2, \cdots, t^n$ 时刻的节点位移、速度和加速度，需求解 $t^{n+1}(t+\Delta t)$ 时刻的结构动力响应，其二阶常微分方程如下：

$$M\ddot{U} + C\dot{U} + KU = F \tag{3-1}$$

式中，M、C、K 和 F 分别表示结构的质量矩阵、阻尼矩阵、刚度矩阵和节点荷载矩阵；$\ddot{U}$、$\dot{U}$ 和 U 分别表示结构的节点加速度向量、速度向量和位移向量。

通过中心差分代替加速度和速度的导数，即 t 时刻的节点加速度向量和速度向量如下：

$$\ddot{U}_t = \frac{U_{t-\Delta t} - 2U_t + U_{t+\Delta t}}{\Delta t^2} \tag{3-2}$$

$$\dot{U}_t = \frac{-U_{t-\Delta t} + U_{t+\Delta t}}{2\Delta t} \tag{3-3}$$

将式（3-2）和式（3-3）代入式（3-1）中，得到各离散时间点的递推公式：

$$\hat{M}U_{t+\Delta t} = \hat{R}_t \tag{3-4}$$

式中，$\hat{M}$、$\hat{R}_t$ 分别表示有效质量矩阵和有效荷载矩阵，其中 $\hat{M} = \frac{M}{\Delta t^2} + \frac{C}{2\Delta t}$，$\hat{R}_t = F_t - \left(K - \frac{2M}{\Delta t^2}\right)U_t - \left(\frac{M}{\Delta t^2} - \frac{C}{2\Delta t}\right)U_{t-\Delta t}$。

由上可知，根据 $t+\Delta t$ 时刻之前的状态变量求解出 U_t 和 $U_{t-\Delta t}$ 后，进而求解出 $\hat{M}$ 和 $\hat{R}_t$，再通过式（3-4）求得 $t+\Delta t$ 时刻的节点位移向量 $U_{t+\Delta t}$，将 $U_{t+\Delta t}$ 代入几何方程、物理方程即可

求得 $t+\Delta t$ 时刻的单元应力和单元应变。该递推公式的初始条件为：

$$U_{-\Delta t}=U_0-\Delta t\,\dot{U}_0+\frac{\Delta t^2\,\ddot{U}_0}{2} \tag{3-5}$$

式中，U_0、$\dot{U}_0$ 和 $\ddot{U}_0$ 通过初始条件求得。

由式(3-4)可知，结构的质量矩阵 M、阻尼矩阵 C 均为对角矩阵。若对某一有限元节点施加初始扰动，在经过一个时间步长后，与之相关的节点进入运动状态，此时节点的位移向量 U 为非零量，这与波的传播特性是一致的，因此中心差分法适用于研究冲击、爆炸后产生的波传播问题。

2)动态接触算法

求解接触-碰撞问题的方法主要有罚函数法(Penalty Method)、动态约束法(Kinematic Constraint Method)和分布参数法(Distributed Parameter Method)[6]。相对于动态约束法和分布参数法，罚函数法原理简单、沙漏效应小、算法动量守恒准确。本书选用罚函数法，实现方式如下[5-6]。

若从节点穿透主面，则在从节点与被穿透主面之间引入一个较大的界面接触力 f_s，即在从节点与被穿透主面之间设置一法向弹簧，该弹簧具有较大的压缩刚度和零拉伸刚度。界面接触力 f_s 如下：

$$f_s=-lk_i n_i \tag{3-6}$$

式中，f_s、l 和 k_i 分别表示界面接触力、穿透深度和接触主面的刚度因子；n_i 表示接触点的外向法线单位矢量。在 SHPB 试验中，接触面力矢量方向与接触面法向同向，故上式简化为：

$$f_s=lk_i \tag{3-7}$$

其中，接触主面的刚度因子 k_i 按下式计算：

$$k_i=\frac{fK_iA_i^2}{V_i} \tag{3-8}$$

式中，f 和 K_i 分别表示接触刚度罚函数因子和接触单元的体积模量；A_i 和 V_i 分别表示主单元的面积和体积，其中，主单元的体积和面积存在如下关系：

$$V_i=A_il_i \tag{3-9}$$

式中，l_i 表示主单元的纵向尺寸。

将式(3-8)和式(3-9)代入式(3-7)中，求得：

$$f_s=lk_i=\frac{fK_iA_i^2l}{A_il_i}=\frac{fK_iA_il}{l_i} \tag{3-10}$$

在 SHPB 数值分析中，一般须将杆件和试件的径向网格加密，纵向网格变化不大，故 A_i/l_i 降低，为防止杆件和试件之间出现负体积现象，尽量降低穿透量 l，因此由式(3-10)可以看出，应适当增大罚函数因子 f 值，但应当注意 f 值过大容易降低计算稳定性。

3.2.1.3　负体积的产生及解决

在 LS-DYNA 求解过程中，有时会出现还没有达到预设的计算时间程序就自动退出的问题，负体积的产生是导致这一问题的常见原因。时间步长过小、网格划分质量过差、材料刚度过低、荷载过于集中和接触设置不合理都有可能导致负体积产生，在上述情况发生时，单元容易发生过大或不合理的变形,部分节点穿透了所属的单元,如图 3-1 所示,N_1 ~ N_4是来自两个不同单元的 4 个节点,N_1-N_2、N_3-N_4 边界分别代表两种不同材料的面,在巨大的冲击荷载下,一个面上的单元和节点都穿过了另一个面,中间部分称为负体积。

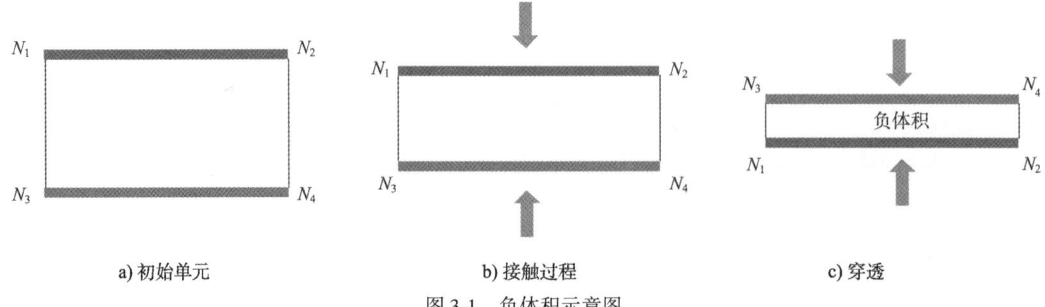

图 3-1　负体积示意图

负体积是 LS-DYNA 建模过程中的常见现象,严重影响计算分析效率。为防止负体积的出现,主要的方法有以下几种:

①在容易出现大变形的地方,精细划分网格,提高网格质量,高质量的网格能够容纳更大的变形。

②LS-DYNA 程序默认的时间步长因子为 0.9,这对防止数值计算的不稳定性不够有效,适当减少时间步长因子可以防止负体积的产生,但是会延长计算时间,加大计算机的负担。

③在施加荷载时,不要加在单一节点上,应以等效加载的方式将荷载分散在多个节点上。

④LS-DYNA 程序的接触设置中最为常用的有单面接触、点面接触和面面接触,前两种接触类型都能大大的节省计算时间,但是均存在方向设置问题,一旦发生方向不正确的变形,极易产生负体积。

⑤在建模过程中,应选择合适的材料模型和材料参数。

3.2.1.4　动力冲击建模流程

1)准备工作

LS-DYNA 程序中一般有两种建模思路:自下而上、自上而下。自下而上的建模思路指大多数有限元程序中点→线→面的建模思路。自上而下的建模思路指直接建立三维实体单元。在建立实体模型的过程中常用的是建模效率更高的自上而下建模思路,因此需提前准备实体模型的材料参数、尺寸参数。准备工作完成后,在相关工作路径创建工作文件夹。

2)前处理

前处理主要包括设置 Preference 选型、选择单元类型、选择材料模型、定义模型参数、建立实体模型、划分有限元网格、创建 PART、定义接触类型。

3)加载求解

加载包括定义边界条件、设定初始速度、设置求解过程中的控制参数(如能量选项、求解时间、时间步长等)、读取 Jobname k 文件。由于某些材料模型在前处理中无法选择或者其他原因,可以对工作文件夹内的 k 文件(file. k)进行再次修改。最后将修改好的 k 文件提交至 LS-DYNA Solver 主程序进行求解。

4)后处理

后处理包括 ANSYS 通用后处理器和 LS-PREPOST 两种方式,本书主要用 LS-PREPOST 查看杆件应变时程曲线(计算波形)等结果。

3.2.2　混凝土材料损伤模型

LS-DYNA 程序[4]是一种大型非线性有限元程序,可用于模拟结构在高速碰撞、爆炸冲击下的大变形动力响应,并为用户提供了多种混凝土损伤模型,如*MAT_16、*MAT_25、*MAT_72、*MAT_72R3、*MAT_78、*MAT_84 ~ 85、*MAT_96、*MAT_111、*MAT_145、*MAT_159、*MAT_172、*MAT_174、*MAT_194、*MAT_195、*MAT_272、*MAT_273。

*MAT_16(*MAT_PSEUDO_TENSOR)常用于分析受冲击荷载作用的钢筋混凝土结构,十分适合用于实现具有 Tresca 极限的 Mohr-Coulomb 屈服面的标准地质模型,通过与状态方程类型 9 相结合,能较好地模拟在高围压下地面冲击和混凝土结构-土之间的相互作用。

*MAT_25(*MAT_GEOLOGIC_CAP_MODEL)是一个无黏两不变的地质盖帽模型,可用于解决地质力学问题或作为混凝土的材料。相对于其他压力相关的塑性模型,该模型的主要优点之一是能控制剪切荷载下产生的膨胀量。相对于 Drucker-Prager 和 Mohr-Coulomb,优点是能够模拟材料的塑性压实。

*MAT_72(*MAT_CONCRETE_DAMAGE)是基于*MAT_16 的衍生模型。

*MAT_72R3(*MAT_CONCRETE_DAMAGE_REL3)是在*MAT_72 基础上的进一步改进,最重要的改进是提供模型参数生成能力,即只需要输入混凝土材料的单轴抗压强度,即可自动生成所有的材料参数,对于没有试验数据或初步接触 KCC 模型的用户来说,这无疑是个有价值的材料模型。该模型通过定义 3 个独立的剪切破坏面来控制混凝土类材料处理复杂应力条件下的非线性行为,基于线性插值函数考虑了当前应力状态的累积损伤。

*MAT_78(*MAT_SOIL_CONCRETE)可以对混凝土材料和土壤进行有效建模。

*MAT_84 ~ 85(*MAT_WINFRITH_CONCRETE) 是在 8 节点单积分点连续单元中实现的伪裂纹、伪钢筋混凝土模型。该模型可以显示单元中的所有裂缝,用户可以通过定义最小裂缝宽度来隐藏比自定义最小裂缝宽度更小的微裂缝。

*MAT_96(*MAT_BRITTLE_DAMAGE)是一种主要为混凝土设计的各向异性脆性损伤模型,可以模拟在拉伸荷载下产生伪裂纹时抗拉强度和剪切强度逐渐退化的现象。

*MAT_111(*MAT_JOHNSON_HOLMQUIST_CONCRETE)是一种与应变率相关的损伤模型,考虑了混凝土等脆性材料在高应变率下的大应变、高围压、大变形等问题,通过等效塑性应变和塑性体积应变的累积来描述材料内部空隙压实导致黏结强度降低而造成的损伤。

*MAT_145(*MAT_SCHWER_MURRAY_CAP_MODEL)是*MAT_25 的 3 个不变扩展模型,适用于模拟土壤、混凝土和岩石材料,该模型通过拉伸和压缩状态下的应变软化、模量退化和应变率效应的黏塑性来描述材料的损伤。

*MAT_159(*MAT_CSCM)是美国高速公路管理局为模拟路边钢筋混凝土防护结构与

车辆碰撞的动态性能而研发的混凝土损伤模型。该模型综合考虑混凝土材料硬化、损伤及应变率效应，通过屈服面本构方程、描述混凝土的软化效应和模量衰减效应的损伤方程以及应变率效应方程来表征混凝土材料的动态破坏过程。

*MAT_172（*MAT_CONCRETE_EC2）适用于模拟素混凝土（FRACR = 0）、钢筋（FRACR = 1）和钢筋混凝土（0 < FRACR < 1），该模型可以描述混凝土受拉开裂、受压破碎和钢筋屈服、硬化、破坏，也可用于火灾分析。对于普通混凝土，仅需输入材料的密度、单轴抗压强度和开裂拉应力即可获得合理的响应。

*MAT_174（*MAT_RC_BEAM）适用于模拟素混凝土（FRACR = 0）、钢筋（FRACR = 1）或者混凝土、钢筋组合（0 < FRACR < 1），但仅用于 Hughes-Liu 梁单元，该模型主要模拟混凝土构件在地震作用下循环加载的力学行为。

*MAT_194（*MAT_RC_SHEAR_WALL）适用于模拟壳单元，如模拟剪力墙、楼板，该模型基于经验推导的算法来模拟循环剪切荷载对钢筋混凝土墙体的影响。

*MAT_195（*MAT_CONCRETE_BEAM）适用于模拟梁单元，是一种可以定义任意应力-应变曲线和任意应变率依赖性的弹塑性材料，并且通过定义塑性应变或最小时间步长反映材料的损伤程度。

*MAT_272（*MAT_RHT）适用于模拟冲击荷载下混凝土材料的动力响应，剪切和压力部分耦合，其中压力由具有多项式 Hugoniot 曲线和 P-α 压缩关系的 Mie-Gruneisen 行为来描述，能较好地描述混凝土材料的剪切损伤和应变率效应。

*MAT_273（*MAT_CONCRETE_DAMAGE_PLASTIC_MODEL）用于模拟混凝土结构在动态荷载作用下的损伤，描述了多轴应力状态和应变率相关荷载作用下破坏过程的特点。

在上述材料损伤模型中，*MAT_72R3（KCC）、*MAT_111（HJC）、*MAT_159（CSC）因能较好地反映混凝土材料在冲击荷载下的应变率效应、软化、失效、损伤演化等动态性能（表 3-1），被广泛应用于模拟混凝土材料的冲击试验。

KCC 模型、HJC 模型和 CSC 模型的特性对比 表 3-1

模型名称	应变率效应	失效准则	状态方程	温度效应	各向异性	损伤效应	拉压处理相异
KCC	√	√	√	×	×	√	√
HJC	√	√	×	×	×	√	√
CSC	√	√	×	×	×	√	√

3.3 Karagozian-Case-Concrete（KCC）冲击损伤模型描述

KCC 模型通过定义 3 个独立的剪切破坏面来控制混凝土类材料在复杂应力条件下的非线性行为，基于线性插值函数考虑了当前应力状态的累积损伤[7-8]。LS-DYNA 程序前处理中的材料模型可直接定义*MAT_72R3 的关键字，根据 k 文件帮助手册[4]输入对应的参数，如图 3-2 所示。

Card 1	1	2	3	4	5	6	7	8
Variable	MID	RO	PR					
Type	A8	F	F					
Default	none	none	none					

Card 2	1	2	3	4	5	6	7	8
Variable	FT	A0	A1	A2	B1	OMEGA	A1F	
Type	F	F	F	F	F	F	F	
Default	none	0.0	0.0	0.0	0.0	none	0.0	

Card 3	1	2	3	4	5	6	7	8
Variable	Sλ	NOUT	EDROP	RSIZE	UCF	LCRATE	LOCWID	NPTS
Type	F	F	F	F	F	I	F	F
Default	none	none	none	none	none	none	none	none

Card 4	1	2	3	4	5	6	7	8
Variable	λ01	λ02	λ03	λ04	λ05	λ06	λ07	λ08
Type	F	F	F	F	F	F	F	F
Default	none	none	none	none	none	none	none	none

Card 5	1	2	3	4	5	6	7	8
Variable	λ09	λ10	λ11	λ12	λ13	B3	A0Y	A1Y
Type	F	F	F	F	F	F	F	F
Default	none	none	none	none	none	none	0.0	0.0

Card 6	1	2	3	4	5	6	7	8
Variable	η01	η02	η03	η04	η05	η06	η07	η08
Type	F	F	F	F	F	F	F	F
Default	none	none	none	none	none	none	none	none

Card 7	1	2	3	4	5	6	7	8
Variable	η09	η10	η11	η12	η13	B2	A2F	A2Y
Type	F	F	F	F	F	F	F	F
Default	none	none	none	none	none	0.0	0.0	0.0

图 3-2　KCC 模型参数输入格式

3.3.1 剪切破坏面方程

图 3-3 和图 3-4 分别为 KCC 模型的 3 个剪切破坏面(屈服破坏面、最大破坏面和残余破坏面)和材料的本构关系。KCC 模型的材料本构行为描述如下:首先,初始点 Pt.0 线性地上升到屈服点 Pt.1 的屈服破坏面;然后,材料发生应变硬化效应,上升到峰值强度点 Pt.2 的最大破坏面;最后,材料发生软化效应,下降到残余强度点 Pt.3 的残余破坏面,此时材料完全破坏。图中f'_c和f_t分别表示单轴抗压强度和拉伸强度,$\Delta\sigma$ 和 P 分别表示主应力差和静水压力。3 个剪切面对应的表达式为:

$$\Delta\sigma_y = a_{0y} + \frac{P}{a_{1y} + a_{2y}P} \tag{3-11}$$

$$\Delta\sigma_m = a_0 + \frac{P}{a_1 + a_2 P} \tag{3-12}$$

$$\Delta\sigma_r = \frac{P}{a_{1f} + a_{2f}P} \tag{3-13}$$

式中,$\Delta\sigma_y$、$\Delta\sigma_m$、$\Delta\sigma_r$ 分别表示屈服破坏强度、最大破坏强度、等效残余强度;a_{0y}、a_{1y}、a_{2y}、a_0、a_1、a_2、a_{1f}、a_{2f}表示由用户自定义的输入参数,以确定模型的剪切破坏面,一般通过收集 UHPC 材料的单轴和三轴压缩试验数据,基于最小二乘曲线拟合曲线来确定。

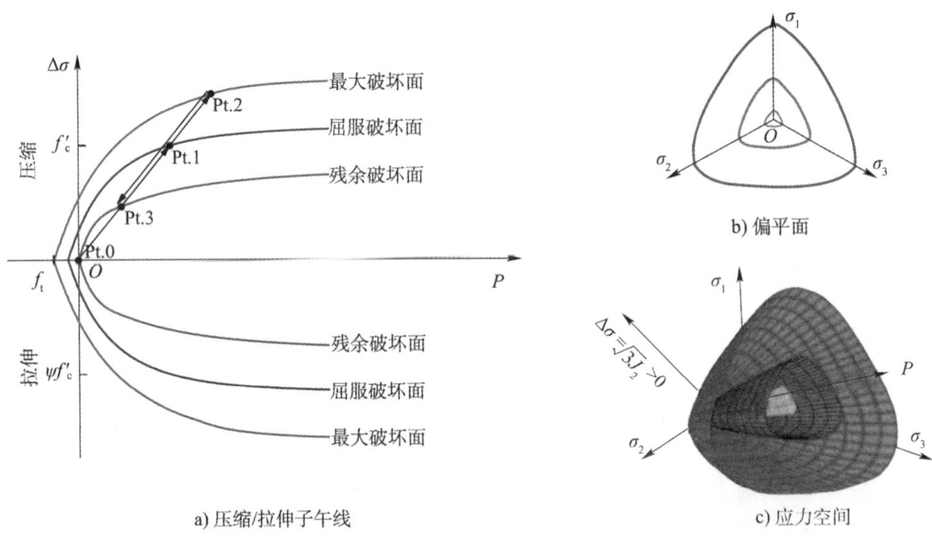

图 3-3 KCC 模型的剪切破坏面

当材料应力介于三个剪切破坏面之间时,当前应力通过线性插值计算:

$$\Delta\sigma = \begin{cases} \eta(\lambda)\Delta\sigma_m + [1-\eta(\lambda)]\Delta\sigma_y & (\lambda \leqslant \lambda_m) \\ \eta(\lambda)\Delta\sigma_m + [1-\eta(\lambda)]\Delta\sigma_r & (\lambda > \lambda_m) \end{cases} \tag{3-14}$$

式中,$\eta(\lambda)$表示与等效塑性应变 λ 相关的损伤函数;λ_m表示等效塑性峰值应变。当 λ 从 0 增大到 λ_m时,$\eta(\lambda)$由 0 增加到 1,表示材料进入屈服强化阶段,随后 $\eta(\lambda)$随着 λ 值增加到某个较大值而逐渐下降为 0,表示材料进入破坏阶段,如图 3-5 所示。

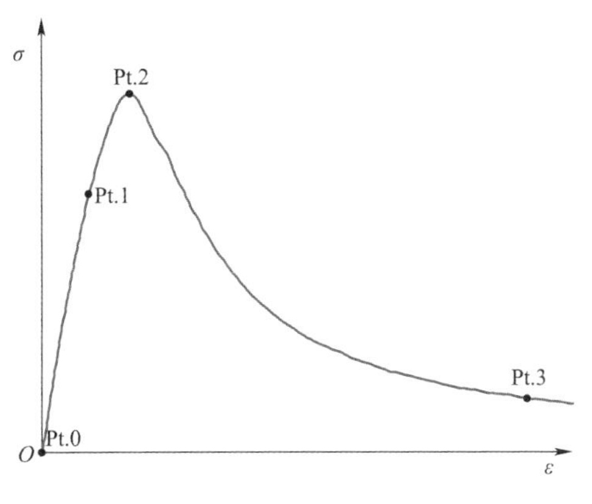

图 3-4　KCC 模型的本构关系

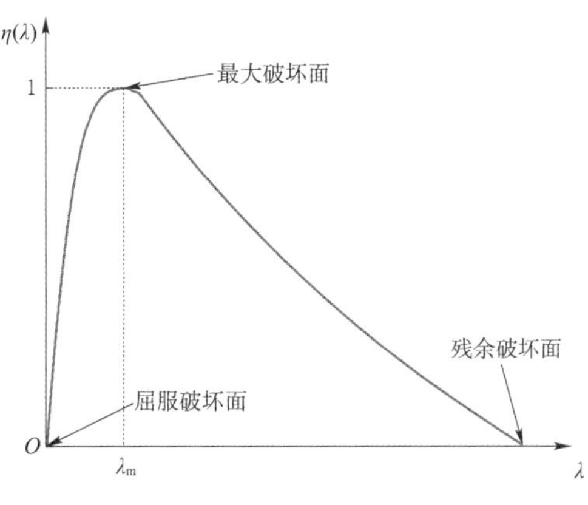

图 3-5　损伤函数示意图

3.3.2　状态方程

为准确描述混凝土材料模型中的压缩行为，KCC 模型解耦了体积响应和偏差响应，其中体积行为由状态方程（EOS）控制，相应的静水压力 P 与体积应变 ε_v 之间的关系如下：

$$P = C(\varepsilon_v) + \gamma T(\varepsilon_v) E \tag{3-15}$$

式中，P 表示静水压力；$C(\varepsilon_v)$ 表示体积应变 ε_v 对应的体积压力值，$\varepsilon_v = \ln(V/V_0)$，其中 V_0 表示初始相对体积；γ 表示比热比；$T(\varepsilon_v)$ 表示体积应变 ε_v 对应的温度值；E 表示初始单位体积的内能。

如图 3-6 所示，状态方程中静水压力随体积应变的增大而增加，以压缩压力为正。当状态方程卸载时，相应的卸载刚度为卸载体积模量 K，其起于峰值体积应变，止于静水压力 $P = -f_t/3$。重新加载路径为沿卸载路径到卸载开始点，之后沿着加载路径继续加载。

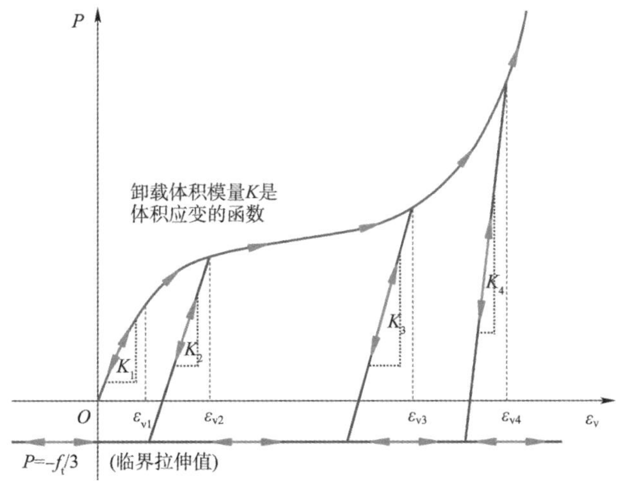

图 3-6　静水压力-体积应变曲线的表观压实状态方程

3.4　Holmquist-Johnson-Cook（HJC）冲击损伤模型描述

HJC 模型是 Homlquist[9] 提出的一种与应变率相关的损伤模型，该模型通过确定损伤函数和静水压力-体积应变关系来建立屈服面方程,进而确定其本构关系。由于 LS-DYNA 程序前处理中的材料模型无法选择 HJC 模型,因此需在生成的 k 文件定义*MAT_JOHNSON_HOLMQUIST_CONCRETE 的关键字,根据 k 文件帮助手册[4]输入对应的参数,如图 3-7 所示。

Card 1	1	2	3	4	5	6	7	8
Variable	MID	RO	G	A	B	C	N	FC
Type	A8	F	F	F	F	F	F	F

Card 2	1	2	3	4	5	6	7	8
Variable	T	EPS0	EFMIN	SFMAX	PC	UC	PL	UL
Type	F	F	F	F	F	F	F	F

Card 3	1	2	3	4	5	6	7	8
Variable	D1	D2	K1	K2	K3	FS		
Type	F	F	F	F	F	F		

图 3-7 HJC 模型参数输入格式

3.4.1 屈服面方程

HJC 模型屈服面方程基于归一化等效应力来定义(图 3-8),相应的表达式为:

$$\sigma^* = [A(1-D) + BP^{*N}](1 + C\ln\dot{\varepsilon}^*) \leqslant S_{\max} \tag{3-16}$$

式中,σ^*表示等效应力 σ 与单轴抗压强度 f'_c 的比值;P^*表示静水压力 P 与单轴抗压强度 f'_c 的比值;$\dot{\varepsilon}^*$表示真实应变率 $\dot{\varepsilon}$ 和参考应变率 $\dot{\varepsilon}_0$ 的比值;A 和 B 分别表示归一化内聚强度系数和归一化压力系数;N 和 C 分别表示应变硬化指数和应变率系数;D 表示由损伤函数确定的损伤参数,其取值范围为 0 ~ 1;$S_{\max}$表示最大归一化强度。

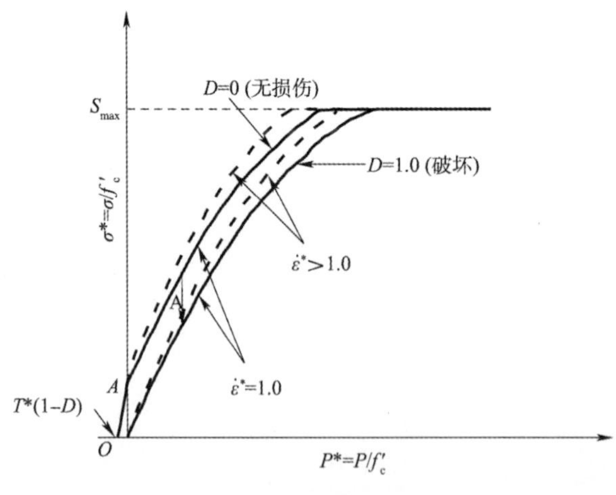

图 3-8 屈服面方程

3.4.2　损伤方程

HJC 模型通过等效塑性应变和塑性体积应变的累积来描述材料内部空隙压实导致黏结强度降低而造成的损伤(图3-9),相应的表达式如下:

$$D = \sum \frac{\Delta\varepsilon_p + \Delta\mu_p}{\varepsilon_p^f + \mu_p^f} \tag{3-17}$$

$$\varepsilon_p^f + \mu_p^f = D_1\ (P^* + T^*)^{D_2} \geqslant \varepsilon_{fmin} \tag{3-18}$$

式中,$\Delta\varepsilon_p$和ε_p^f分别表示常压下的材料等效塑性应变和等效塑性应变增量;μ_p^f和$\Delta\mu_p$分别表示常压下的材料塑性体积应变和塑性体积应变增量;ε_{fmin}表示材料破坏时的最小塑性应变;D_1和D_2表示控制材料损伤程度的参数;T^*表示最大拉伸强度T与单轴抗压强度f_c'的比值,当$P^* = -T^*$时,材料不再承受任何塑性应变。

3.4.3　状态方程

HJC 模型中材料静水压力-体积应变曲线由分段状态方程组成,如图3-10所示。

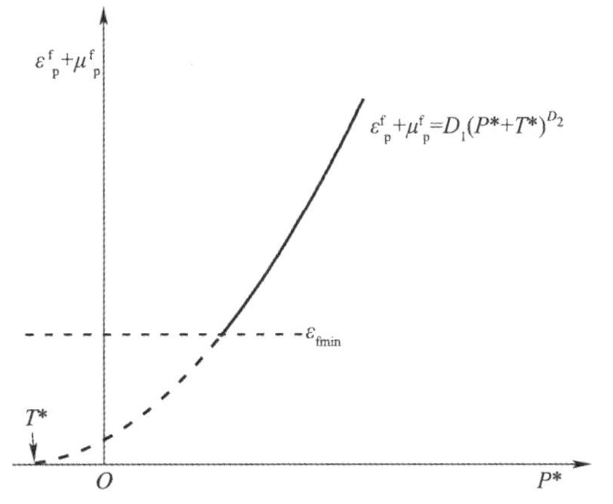

图3-9　损伤函数

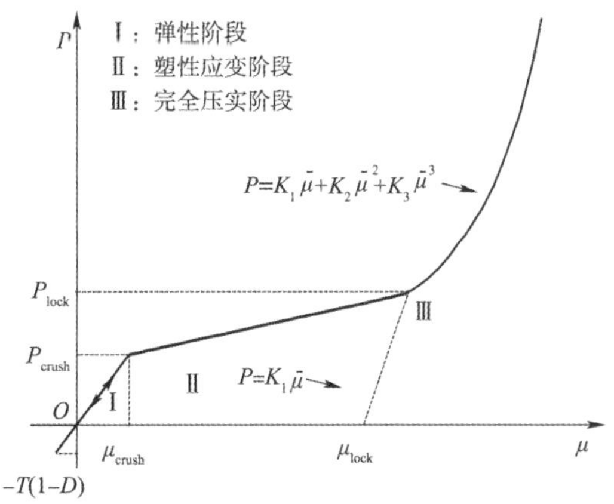

图3-10　静水压力-体积应变状态方程

第一阶段为线弹性阶段$[-T(1-D) \leqslant P \leqslant P_{crush}]$,静水压力和体积应变呈线性关系,即加载段和卸载段均为可逆的弹性状态,相应的表达式为:

$$P = K_e \mu \tag{3-19}$$

$$K_e = P_{crush}/\mu_{crush} \tag{3-20}$$

式中,K_e和μ分别表示弹性体积模量和体积应变,其中K_e为单轴压缩试验中材料达到弹性极限时的静水压力P_{crush}与体积应变μ_{crush}的比值。

第二阶段为塑性应变阶段($P_{crush} < P \leqslant P_{lock}$),材料内部空隙逐渐压实,开始出现塑性体积应变和破坏性裂缝,相应的表达式为:

加载段:
$$P = (\mu - \mu_{crush})K_p + P_{crush} \tag{3-21}$$

卸载段:
$$P = P_0 - [(1-F)K_p + FK_1](\mu_0 - \mu) \tag{3-22}$$

式中,$K_P = (P_{lock} - P_{crush})/(\mu_{lock} - \mu_{crush})$,表示塑性体积模量;$P_{lock}$和$\mu_{lock}$分别表示压实

静水压力和体积应变；P_0和μ_0分别表示卸载前静水压力和体积应变；F 表示卸载比例系数，$F = (\mu_0 - \mu_{crush})/(\mu_{lock} - \mu_{crush})$。

第三阶段为完全压实阶段（$P > P_{lock}$），材料内部所有空隙均被压实，导致材料失效，相应的表达式为：

加载段：
$$P = K_1\bar{\mu} + K_2\bar{\mu}^2 + K_3\bar{\mu}^3 \tag{3-23}$$

卸载段：
$$P = K_1\bar{\mu} \tag{3-24}$$

式中，K_1、K_2、K_3表示完全压实的材料压力常数；$\bar{\mu}$ 表示修正后的体积应变，$\bar{\mu} = (\mu - \mu_{lock})/(1 + \mu_{lock})$。

3.5 Continuous-Surface-Cap(CSC)冲击损伤模型描述

CSC 模型是美国高速公路管理局为模拟路边钢筋混凝土防护结构与车辆碰撞的动态性能而研发的一种混凝土损伤模型[10-11]。该模型综合考虑混凝土材料硬化、损伤及应变率效应，通过屈服面本构方程、描述混凝土的软化效应和模量衰减效应的损伤方程以及应变率效应方程来表征混凝土材料的动态破坏过程。CSC 模型与 HJC 模型类似，需在生成的 k 文件定义*MAT_CSCM 的关键字，根据 k 文件帮助手册[4]输入对应的参数，如图 3-11 所示。

Card 3	1	2	3	4	5	6	7	8
Variable	G	K	ALPHA	THETA	LAMDA	BETA	NH	CH
Type	F	F	F	F	F	F	F	F

Card 4	1	2	3	4	5	6	7	8
Variable	ALPHA1	THETA1	LAMDA1	BETA1	ALPHA2	THETA2	LAMDA2	BETA2
Type	F	F	F	F	F	F	F	F

Card 5	1	2	3	4	5	6	7	8
Variable	R	X0	W	D1	D2			
Type	F	F	F	F	F			

Card 6	1	2	3	4	5	6	7	8
Variable	B	GFC	D	GFT	GFS	PWRC	PWRT	PMOD
Type	F	F	F	F	F	F	F	F

Card 7	1	2	3	4	5	6	7	8
Variable	ETA0C	NC	ETA0T	NT	OVERC	OVERT	SRATE	REPOW
Type	F	F	F	F	F	F	F	F

图 3-11 CSC 模型参数输入格式

3.5.1　屈服面方程

CSC 模型屈服面包括剪切破坏面和盖帽硬化面,通过相乘的方式实现了两者之间的光滑连接,如图 3-12 所示,其中剪切破坏面在偏平面上的投影形状由 Willam-Warnke 模型描述[10-11],而盖帽硬化面由材料所经历的应力和应变的历史来决定其位置和大小。CSC 模型屈服面本构方程如下:

$$f(J_1, J_2', J_3', \kappa) = J_2' - R^2 F_f^2 F_c \tag{3-25}$$

$$J_1 = 3P \tag{3-26}$$

$$J_2' = \frac{1}{2} S_{ij} S_{jk} \tag{3-27}$$

$$J_3' = \frac{1}{3} S_{ij} S_{jk} S_{ki} \tag{3-28}$$

式中,J_1表示应力张量第一不变量,$J_1 = \sigma_1 + \sigma_2 + \sigma_3$,其中 σ_1、σ_2和 σ_3分别为 3 个主应力;J_2'和 J_3'分别表示偏应力张量第二和第三不变量;κ 表示盖帽硬化参数,其值取剪切破坏面和盖帽硬化面交界处的 J_1;R 表示 Rubin 折减函数;F_f和 F_c分别表示剪切破坏面方程和盖帽硬化面方程;P 和 S_{ij}、S_{jk}、S_{ki}分别表示静水压力和偏应力张量。

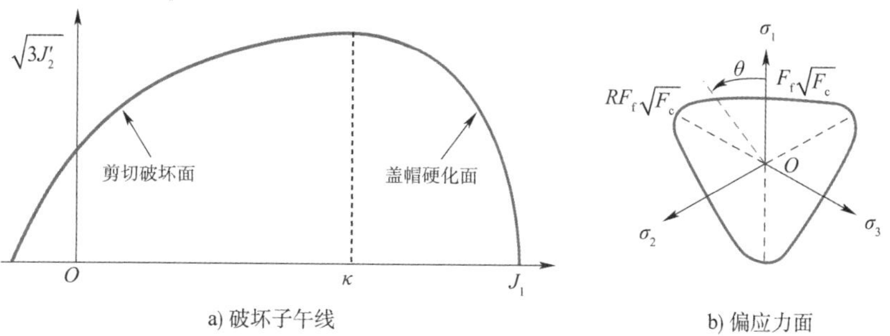

图 3-12　屈服面方程

假设弹性应力不变量分别为 J_1^T、$J_2'^T$、$J_3'^T$,则 $f(J_1^T, J_2'^T, J_3'^T, \kappa^T) \leqslant 0$ 表示材料处于弹性应力阶段,$f(J_1^P, J_2'^P, J_3'^P, \kappa^P) = 0$ 表示材料进入屈服应力阶段,$f(J_1^T, J_2'^T, J_3'^T, \kappa^T) > 0$ 表示材料进入弹塑性应力阶段。这是通过强制塑性一致性条件和相关变形来实现的。

3.5.1.1　剪切破坏面方程

当混凝土处于受拉状态或低围压状态时,混凝土强度由描述剪切屈服强度的剪切破坏面来确定,剪切破坏面方程通过压缩子午线、剪切子午线和拉伸子午线来描述[12],其中压缩子午线表达式为:

$$F_f(J_1) = \alpha - \lambda \exp^{-\beta J_1} + \theta J_1 \tag{3-29}$$

式中,参数 α、β、λ、θ 为剪切破坏面参数,一般通过三轴压缩试验结果拟合上述表达式来确定。

图 3-13 中压缩子午线控制点为:A 表示三轴等拉状态$(-3f_{tt}', 0)$,B 表示双轴等拉状态$(-2f_{bt}', f_{bt}'/\sqrt{3})$,$C$ 表示单轴压缩状态$(f_c', f_c'/\sqrt{3})$,D 表示三轴压缩状态$[2\sigma_3 + \sigma_1, (\sigma_1 - \sigma_3)/\sqrt{3}]$,$f_{tt}'$、$f_{bt}'$、$f_c'$分别表示三轴等拉强度、双轴等拉强度和单轴抗压强度,σ_1和 σ_3分别为

围压试验中的轴向应力和围压，以压应力为正。

CSC 模型通过 Rubin 函数折减三轴压缩剪切强度（RF_f）来模拟三轴扭转强度（TOR）和三轴拉伸强度（TXE），其中 R 的取值取决于角度 $\hat{\beta}$ 对应的应力状态和由试验确定的比例函数 Q_1、Q_2，并明确 Q_1F_f 表达剪切子午线（模拟三轴扭转强度），Q_2F_f 表达拉伸子午线（模拟三轴拉伸强度），如图 3-14 所示。

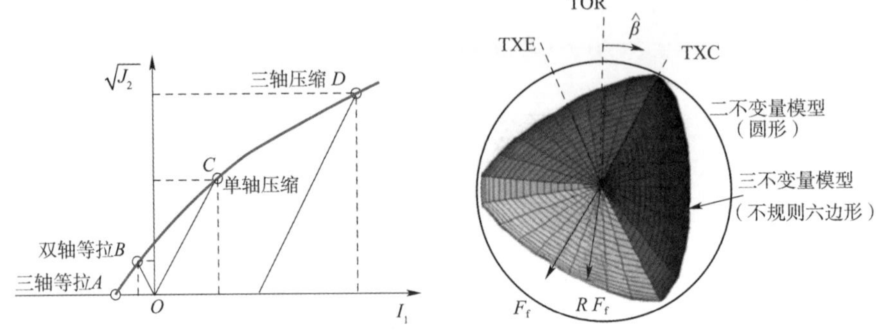

图 3-13　压缩子午线

图 3-14　屈服面在偏平面上的投影

角度 $\hat{\beta}$ 决定了相对于三轴压缩强度（TXC）的任何应力状态的混凝土强度，其值被约束在 $-\pi/6$ 至 π 之间，与偏应力张量第二变量 J_2' 和第三不变量 J_3' 有关。

$$\sin 3\hat{\beta} = \hat{J}_3 = \frac{3\sqrt{3}J_3'}{2J_2'^{\ 3/2}} \tag{3-30}$$

$$\begin{cases} \hat{\beta} = \dfrac{\pi}{6}, \hat{J}_3 = 1 & (\text{for TXC}) \\ \hat{\beta} = 0, \hat{J}_3 = 0 & (\text{for TOR}) \\ \hat{\beta} = -\dfrac{\pi}{6}, \hat{J}_3 = -1 & (\text{for TXE}) \end{cases} \tag{3-31}$$

Rubin 折减函数 R 表达式如下：

$$R = \frac{-b_1 + \sqrt{b_1^2 - 4b_2b_0}}{2b_2} \tag{3-32}$$

$$b_0 = -(3 + b - a^2)/4 \tag{3-33}$$

$$b_1 = a(\cos\hat{\beta} - a\sin\hat{\beta}) \tag{3-34}$$

$$b_2 = (\cos\hat{\beta} - a\sin\hat{\beta})^2 + b\sin^2\hat{\beta} \tag{3-35}$$

$$a = \frac{-a_1 + \sqrt{a_1^2 - 4a_2a_0}}{2a_2} \tag{3-36}$$

$$a_0 = 2Q_1^2(Q_2 - 1) \tag{3-37}$$

$$a_1 = \sqrt{3}Q_2 + 2Q_1(Q_2 - 1) \tag{3-38}$$

$$a_2 = Q_2 \tag{3-39}$$

$$b = (2Q_1 + a)^2 - 3 \tag{3-40}$$

比例函数 Q_1、Q_2 可由下列公式确定[10-11]：

$$Q_1(J_1)=\alpha_1-\lambda_1\exp^{-\beta_1 J_1}+\theta_1 J_1 \tag{3-41}$$

$$Q_2(J_1)=\alpha_2-\lambda_2\exp^{-\beta_2 J_1}+\theta_2 J_1 \tag{3-42}$$

式中，α_1、β_1、λ_1、和 θ_1 分别表示扭转强度常数项、扭转强度线性项、扭转强度非线性项和扭转强度指数；α_2、β_2、λ_2 和 θ_2 分别表示三轴拉伸面常数项、三轴拉伸面线性项、三轴拉伸面非线性项和三轴拉伸面指数。

图 3-15 中拉伸子午线控制点分别如下：A 表示三轴等拉状态（$-3f'_{tt},0$），E 表示单轴拉伸状态（$-f'_t,f'_t/\sqrt{3}$），F 表示双轴等压状态（$2f'_{bc},f'_{bc}/\sqrt{3}$），$G$ 表示三轴拉伸状态［$2\sigma_3+\sigma_1,(\sigma_1-\sigma_3)/\sqrt{3}$］，$f'_{tt}$、$f'_t$ 和 f'_{bc} 分别表示三轴等拉强度、单轴抗拉强度和双轴等压强度，σ_1 和 σ_3 分别为围压试验中的轴向应力和围压，以压应力为正。

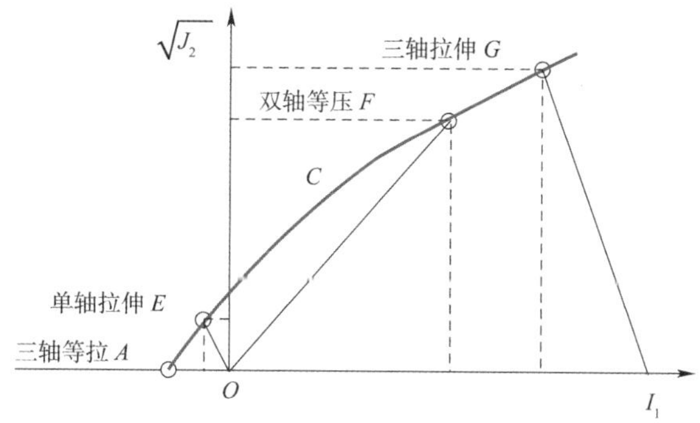

图 3-15　拉伸子午线

3.5.1.2　盖帽硬化面方程

当混凝土处于低围压到高围压状态时，混凝土强度由盖帽硬化面方程确定。当混凝土材料处于受拉或低围压状态时，盖帽硬化面方程取值为 1，此时混凝土强度仅由剪切破坏面方程控制；当混凝土材料处于中高围压状态时，盖帽硬化面方程为椭圆函数，混凝土强度由剪切破坏面方程和盖帽硬化面方程共同确定，相应的盖帽硬化面表达式如下：

$$F_c(J_1,\kappa)=\begin{cases}1 & [J_1\leqslant L(\kappa)]\\ 1-\dfrac{[J_1-L(\kappa)][|J_1-L(\kappa)|+J_1-L(\kappa)]}{2[X(\kappa)-L(\kappa)]^2} & [J_1>L(\kappa)]\end{cases} \tag{3-43}$$

$$X(\kappa)=L(\kappa)+nF_f(L(\kappa)) \tag{3-44}$$

$$L(\kappa)=\begin{cases}\kappa & (\kappa>\kappa_0)\\ \kappa_0 & (\kappa\leqslant\kappa_0)\end{cases} \tag{3-45}$$

式中，$X(\kappa)$ 表示盖帽硬化面与 J_1 轴的交点；n 表示盖帽硬化面方程的椭圆函数长轴与短轴的比值；κ_0 表示剪切破坏面与盖帽硬化面初始相交时对应的 J_1 值。

将式(3-45)代入式(3-43)，化简为：

$$F_c(J_1,\kappa)=\begin{cases}1-(J_1-\kappa)^2/(X-\kappa)^2 & (J_1\geqslant\kappa)\\ 1 & (J_1<\kappa_0)\end{cases} \tag{3-46}$$

盖帽硬化面函数示意图见图 3-16，可以看出，当 $J_1\leqslant L(\kappa)$ 时，盖帽硬化面函数 $F_c(J_1,\kappa)$

等于1;当 $L(\kappa)\leqslant J_1\leqslant X(\kappa)$ 时,盖帽硬化函数 $F_c(J_1,\kappa)$ 由椭圆函数表示。$J_1=L(\kappa)$ 定义了剪切破坏面与盖帽硬化面的交界线。

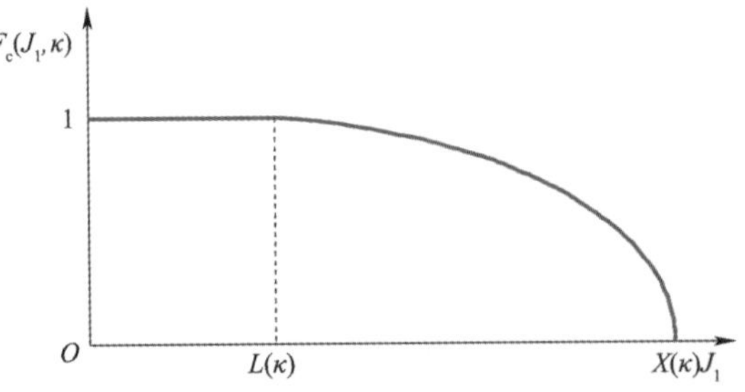

图 3-16 盖帽硬化面函数示意图

盖帽硬化面方程通过盖帽面的膨胀和收缩来模拟材料塑性体积的变化,即 $X(\kappa)$、κ 的增大和减小分别表示材料塑性体积的膨胀和压缩,相应的硬化准则如下:

$$\varepsilon_v^p = W[1-\exp^{-D_1(X-X_0)-D_2(X-X_0)^2}] \tag{3-47}$$

式中,ε_v^p 表示塑性体积应变;W 表示最大塑性体积应变;D_1 和 D_2 分别表示线性形状参数和二次形状参数;X_0 表示 κ 取 κ_0 时盖帽硬化面的初始横坐标截距。

3.5.2 损伤方程

CSC 模型通过损伤方程来描述混凝土的模量衰减效应和应变软化效应,如图 3-17 所示。其中模量衰减表现为重复卸载和加载出现曲线斜率的下降,应变软化表现为混凝土达到峰值强度后在应变演化过程中出现的强度降低现象,相应的损伤方程如下:

$$\sigma_{ij}^d = (1-d)\sigma_{ij}^{vp} \tag{3-48}$$

式中,σ_{ij}^d 和 σ_{ij}^{vp} 分别表示损伤应力张量和无损伤应力张量;d 表示标量损伤参数,取值范围从 0 ~ 1,表示从无损伤到完全损伤的演化过程。因此,$1-d$ 是一个对体积模量和剪切模量各向同性折减的折减因子。

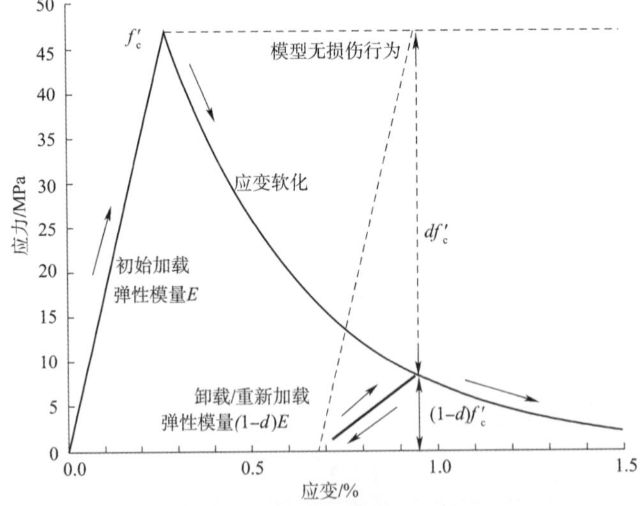

图 3-17 应变软化及模量衰减示意图

在 CSC 模型中,当混凝土的损伤达到损伤阈值后开始损伤累积,表现出脆性损伤和塑性损伤两种形式。

3.5.2.1　脆性损伤

当混凝土处于受拉状态且能量型损伤参数 τ_b 超过脆性损伤阈值 τ_{0b} 时，脆性损伤开始累积，相应的损伤表达式如下：

$$\tau_b = \sqrt{E\varepsilon_{max}^2} \tag{3-49}$$

式中，τ_b 表示能量型损伤参数；E 表示初始加载弹性模量；ε_{max} 表示材料的最大主应变。

3.5.2.2　延性损伤

当混凝土处于受压状态且能量型损伤参数 τ_d 超过延性损伤阈值 τ_{0d} 时，塑性损伤开始累积，相应的损伤表达式如下：

$$\tau_d = \sqrt{\frac{1}{2}\sigma_{ij}\varepsilon_{ij}} \tag{3-50}$$

式中，τ_d 表示能量型损伤参数；σ_{ij} 表示考虑损伤和应变率效应前的弹塑性应力；ε_{ij} 表示由应变分量决定的塑性损伤累积。

3.5.2.3　软化函数

当混凝土损伤累积时，损伤参数 d 从初始值 0 增加到最大值 1，相应的损伤表达式如下：

①对于脆性损伤：

$$d(\tau_b) = \frac{0.999}{D}\left[\frac{1+D}{1+D\exp^{-C(\tau_b-r_{0b})}} - 1\right] \tag{3-51}$$

②对于延性损伤：

$$d(\tau_d) = \frac{d_{max}}{B}\left[\frac{1+B}{1+B\exp^{-A(\tau_d-r_{0d})}} - 1\right] \tag{3-52}$$

$$A = A\ (d_{max} + 0.001)^{pmod} \tag{3-53}$$

$$\tau_d = \sqrt{\frac{1}{2}\sigma_{ij}\varepsilon_{ij}} \tag{3-54}$$

式中，A、B 表示塑性形状软化参数；C、D 表示脆性形状软化参数；d_{max} 表示材料所能达到的最大损伤；pmod 表示自定义拟合软化参数，其默认值为 0。

另外，单轴受压断裂能 G_{fc}、单轴受拉断裂能 G_{ft}、纯剪断裂能 G_{fs} 和自定义软化参数 PWRD 等的具体含义和表达式见文献[10-11]。

3.5.3　应变率效应

CSC 模型通过应变率效应来确定材料的动态强度。在计算过程的每一个时间步长内，混凝土材料的黏塑性应力在弹性试算应力和非黏塑性应力之间通过插值确定，公式如下：

$$\sigma_{ij}^{vp} = (1-\gamma)\sigma_{ij}^{T} + \gamma\sigma_{ij}^{P} \tag{3-55}$$

$$\gamma = (\Delta t/\eta)/(1+\Delta t/\eta) \tag{3-56}$$

式中，σ_{ij}^{vp} 和 σ_{ij}^{P} 分别表示考虑应变率效应的黏塑性应力和不考虑应变率效应的非黏塑性应力；σ_{ij}^{T} 表示弹性试算应力；γ 表示黏塑性插值参数；Δt 表示时间步长；η 表示应变率效应流动系数，可通过方程插值求得：

拉伸： $$\eta = \eta_s + (\eta_t - \eta_s)(-J_1/\sqrt{3J_2'})^{\mathrm{PWRT}} \tag{3-57}$$

压缩： $$\eta = \eta_s + (\eta_c - \eta_s)(-J_1/\sqrt{3J_2'})^{\mathrm{PWRC}} \tag{3-58}$$

$$\eta_t = \eta_{0t}/\dot{\varepsilon}^{N_t} \quad \eta_c = \eta_{0c}/\dot{\varepsilon}^{N_c} \quad \eta_s = \mathrm{SRATE}\eta_t \tag{3-59}$$

式中，η_{0t}和η_{0c}分别表示单轴受拉和受压应变率效应参数；η_t、η_c和η_s分别表示受拉、受压和受剪流动系数；PWRT 和 PWRC 分别表示剪拉转换参数和剪压转换参数；N_t和N_c分别表示单轴受拉和受压应变率效应功率参数；SRATE 表示受剪流动系数与受拉流动系数的比值；$\dot{\varepsilon}$ 表示有效应变率。

在确定了应变率效应流动系数 η 后，对于直拉和无约束的轴压混凝土，其动态强度为：

$$f'_{td} = f'_t + E\dot{\varepsilon}\eta \quad f'_{cd} = f'_c + E\dot{\varepsilon}\eta \tag{3-60}$$

式中，f'_{td}和f'_{cd}分别表示动态单轴抗拉强度和动态单轴抗压强度；f'_c表示单轴抗压强度；f'_t表示单轴抗拉强度；$E\dot{\varepsilon}\eta$ 表示由应变率效应导致的过应力，其中 E 表示材料弹性模量。

在 CSC 模型中，用户可以选择通过输入参数 REPOW 来增加断裂能作为有效应变率函数，如下所示：

$$G_f^{\mathrm{rate}} = G_f\left(1 + \frac{E\varepsilon\eta}{f'}\right)^{\mathrm{REPOW}} \tag{3-61}$$

式中，G_f^{rate}表示通过应变率效应增强的断裂能；G_f 表示未考虑应变率的断裂能；f'表示施加应变率效应之前的屈服强度（由模型内部计算）。括号中的值大于或等于 1，表示动态强度与静态强度的近似比值。

为了限制高应变率下的应变率效应，用户可以输入受拉最大允许过应力 OVERT 和受压最大允许过应力 OVERC，当计算得到的过应力 $E\dot{\varepsilon}\eta$ 大于 OVERT 或 OVERC 时，塑性流动系数 η 由下式确定：

$$\eta = \mathrm{OVER}/E\dot{\varepsilon} \tag{3-62}$$

式中，当受拉时，OVER = OVERT，当受压时，OVER = OVERC。

3.6 研究小结

本章总结了 LS-DYNA 程序求解振动响应问题和接触-碰撞问题的算法及建模流程，详细阐述了程序中 KCC、HJC 和 CSC 三种典型损伤模型的本构方程、混凝土类材料动态损伤破坏机理和关键控制参数，主要包括以下内容：

①LS-DYNA 程序是一种兼具几何非线性、材料非线性和接触非线性的大型有限元商用程序，通过中心差分法求解冲击、爆炸后的动力学振动响应，结合罚函数法实现接触-碰撞问题的动态接触算法，具有原理简单、沙漏效应小、算法动量守恒准确等优势。

②KCC 模型通过定义 3 个独立的剪切破坏面来控制混凝土类材料处理复杂应力条件下的非线性行为，并在解耦了体积响应和偏差响应的基础上，结合状态方程（EOS）表观压实状态，从而准确描述混凝土材料模型中的压缩行为。

③HJC 模型通过确定损伤方程和静水压力-体积应变状态方程来建立屈服面方程，进而确定其本构关系，其中屈服面方程基于归一化等效应力来定义，损伤方程通过等效塑性应变和塑性体积应变的累积来描述材料内部空隙压实导致黏结强度降低而造成的损伤，状态方

程通过线弹性阶段、塑性应变阶段、完全压实阶段来描述材料内部空隙的压实情况。

④CSC 模型屈服面包括剪切破坏面和盖帽硬化面,其中剪切破坏面方程通过压缩子午线、剪切子午线和拉伸子午线来描述,盖帽硬化面方程用来确定混凝土从低围压到高围压状态下的强度,损伤方程和应变率效应分别用来描述混凝土的模量衰减效应、应变软化效应和动态强度。

本章参考文献

[1] LIU J, WU C, CHEN X. Numerical study of ultra-high performance concrete under non-deformable projectile penetration[J]. Construction and Building Materials, 2017, 135: 447-458.

[2] TAI Y S. Flat ended projectile penetrating ultra-high strength concrete plate target[J]. Theoretical and Applied Fracture Mechanics, 2009, 51(2): 117-128.

[3] GUO W, FAN W, SHAO X D, et al. Constitutive model of ultra-high-performance fiber-reinforced concrete for low-velocity impact simulations[J]. Composite Structures, 2018, 185: 307-326.

[4] LSTC. LS-DYNA keyword user's manual[Z]. CA: Livermore Software Technology Corporation, 2014.

[5] 时党勇, 李裕春, 张胜民. 基于 ANSYS/LS-DYNA 8.1 进行显式动力分析[M]. 北京:清华大学出版社, 2005.

[6] 白金泽. LS-DYNA3D 理论基础与实例分析[M]. 北京: 科学出版社, 2005.

[7] MALVAR L J, CRAWFORD J E, WESEVICH J W, et al. A new concrete material model for DYNA3D[R]. Glendale, CA: Karagozian and Case Structural Engineers, 1994.

[8] MALVAR L J, CRAWFORD J E, WESEVICH J W, et al. A new concrete material model for DYNA3D release Ⅱ: shear dilation and directional rate enhancements[R]. Glendale, CA: Karagozian and Case Structural Engineers, 1996.

[9] HOLMQUIST T J, JOHNSON G R. A computational constitutive model for concrete subjected to large strains, high strain rates, and high pressures[C]//Proceedings of the 14th International Symposium on Ballistics. Quebec: 1993.

[10] MURRAY Y D. Users, manual for LS-DYNA concrete material model 159[R]. Mc Lean, VA: Federal Highway Administration, 2007.

[11] MURRAY Y D, ABUODEH A Y, BLIGH R P. Evaluation of LS-DYNA concrete material model 159[R]. Mc Lean, VA: Federal Highway Administration, 2007.

[12] SCHAWER L E, MURRAY Y D. A three-invariant smooth cap model with mixed hardening[J]. International Journal for Numerical and Analytical Methods in Geomechanics, 2010, 18(10): 657-688.

第 4 章

超高性能混凝土材料典型损伤模型校准

4.1 引　言

在 LS-DYNA 程序中,对于普通混凝土材料,KCC 模型只需要输入材料的单轴抗压强度即可自动生成所有的材料参数,对于没有试验数据或初步接触 KCC 模型的用户来说,无疑是非常实用的[1-2];HJC 模型控制参数众多,但 Holmquist 在文献[3]中直接给出了针对普通混凝土的 HJC 模型原始参数取值;CSC 模型可以通过直接定义 * MAT_CSCM_CONCRETE 的关键字来获取普通混凝土的默认材料参数[4-5]。但考虑到 UHPC 与普通混凝土在强度、耐久性和抗裂性等方面存在明显的差异,为真实地反映 UHPC 材料的动态力学行为,需对 KCC 模型、HJC 模型和 CSC 模型中的关键参数进行校准。

本章基于 UHPC 材料的试验结果,校准了 KCC 模型、HJC 模型、CSC 模型的关键参数取值,给出了三种损伤模型针对 UHPC 材料的校准方法,应用大型有限元程序 LS-DYNA 建立了基于 SHPB 技术的 UHPC 冲击压缩数值模型。通过与 SHPB 试验的实测波形对比,验证了校准后的三种损伤模型描述 UHPC 在冲击作用下动态损伤行为的有效性。

4.2 Karagozian-Case-Concrete(KCC)模型参数校准

对于普通混凝土材料,用户只需要输入一个静态抗压强度,KCC 模型就可以自动生成相关参数,并能较好地模拟其力学行为。然而,UHPC 材料性能与传统混凝土存在明显差异,由 KCC 模型自动生成的参数偏差较大,为准确模拟 UHPC 的损伤行为,需要对 KCC 模型中相关参数进行校准,其中的关键是如何拟合 UHPC 在不同围压下的受压本构关系,以确定控制剪切面的 8 个主要参数,参数校准具体步骤如下。

4.2.1 确定 UHPC 在不同围压下的受压本构关系

考虑到 UHPC 在不同围压下的受压本构关系鲜有相关文献报道,参考 Ali Khajeh 提出的混凝土在不同围压下的受压本构关系[6],对 UHPC 在不同围压下的受压本构关系进行拟合,其中上升段为:

$$\frac{f}{f_0} = \frac{AX + BX^2}{1 + CX + DX^2} \tag{4-1}$$

$$X = \frac{\varepsilon}{\varepsilon_0} \tag{4-2}$$

$$A = \frac{E_0 \varepsilon_0}{f_0} \tag{4-3}$$

$$B = \frac{(A-1)^2}{a_1\left(1 - \frac{f_{\rm pl}}{f_0}\right)} + \frac{A^2(1-a)}{a_1^2 \frac{f_{\rm pl}}{f_0}\left(1 - \frac{f_{\rm pl}}{f_0}\right)} - 1 \tag{4-4}$$

$$C = A - 2, D = B + 1 \tag{4-5}$$

式中，f 和 ε 分别表示应力和应变；$f_{\rm pl}$ 表示比例极限强度，按抗压强度的 0.45 倍取值；a_1 表示初始弹性模量 E_0 与峰值割线模量 $E_{\rm s}$ 的比值；f_0 和 ε_0 分别表示考虑围压情况下的峰值应力和峰值应变；E_0、$E_{\rm s}$、f_0 和 ε_0 的计算公式如下：

$$E_0 = (0.084\sqrt{f'_{\rm c}} + 3.49) \times 10^4 \tag{4-6}$$

$$E_{\rm s} = 0.0043\rho^{1.5}\sqrt{f'_{\rm c}} \tag{4-7}$$

$$\frac{\varepsilon_0}{\varepsilon_{\rm c}} = {\rm e}^{k_1}, k_1 = (2.9224 - 0.00367 f'_{\rm c})\left(\frac{f_{\rm r}}{f'_{\rm c}}\right)^{0.3124 + 0.002 f'_{\rm c}} \tag{4-8}$$

$$\frac{f_0}{f'_{\rm c}} = \left(\frac{f_{\rm r}}{f_{\rm t}} + 1\right)^{k_2}, k_2 = 1.25(f'_{\rm c})^{-0.21}\left(1 + 0.062\frac{f_{\rm r}}{f'_{\rm c}}\right) \tag{4-9}$$

式中，ρ 表示 UHPC 的干容重；$f'_{\rm c}$ 表示 UHPC 单轴抗压强度；$\varepsilon_{\rm c}$ 表示 UHPC 单轴抗压峰值应变；$f_{\rm t}$ 表示 UHPC 单轴抗拉强度；$f_{\rm r}$ 表示三轴试验中对应的围压值。

不同围压下抗压本构关系的下降段为：

$$\frac{f}{f_0} = \frac{f_{\rm rp}}{f_0} + \left(1 - \frac{f_{\rm rp}}{f_0}\right)\left(\frac{f_{\rm ic}}{f'_{\rm c}}\right)^{\left(\frac{\varepsilon - \varepsilon_0}{\varepsilon_{\rm i} - \varepsilon_0}\right)^2} \tag{4-10}$$

式中，$f_{\rm rp}$ 表示受压残余应力；$f_{\rm ic}$ 表示 UHPC 下降分支上拐点处的应力；$\varepsilon_{\rm i}$ 表示考虑围压情况下 UHPC 下降分支上拐点处的应变；$f_{\rm rp}$、$f_{\rm ic}$ 和 $\varepsilon_{\rm i}$ 的计算公式如下：

$$\frac{f_{\rm rp}}{f_0} = 1 - \frac{1}{a_2\left(\frac{f_{\rm r}}{f'_{\rm c}}\right)^{K_3} + 1}, k_3 = \left[5.79\left(\frac{f_{\rm r}}{f'_{\rm c}}\right)^{0.694} + 1.301\right] \tag{4-11}$$

$$a_2 = 795.7 - 3.291 f'_{\rm c} \tag{4-12}$$

$$\frac{f_{\rm ic}}{f'_{\rm c}} = 1.41 - 0.17\ln(f'_{\rm c}) \tag{4-13}$$

$$\frac{\varepsilon_{\rm i}}{\varepsilon_0} = \frac{f_{\rm rp}}{f_0}k_4 + \left(1 - \frac{f_{\rm rp}}{f_0}\right)\left(\frac{\varepsilon_{\rm ic}}{\varepsilon_{\rm c}}\right), k_4 = 1.26 + \frac{2.89}{\sqrt{f'_{\rm c}}} \tag{4-14}$$

$$\frac{\varepsilon_{\rm ic}}{\varepsilon_{\rm c}} = 2.76 - 0.35\ln(f'_{\rm c}) \tag{4-15}$$

$$\frac{f_{\rm i}}{f_0} = \frac{f_{\rm rp}}{f_0} + \left(1 - \frac{f_{\rm rp}}{f_0}\right)\left(\frac{f_{\rm ic}}{f'_{\rm c}}\right) \tag{4-16}$$

4.2.2　确定剪切破坏面方程

根据围压为 0MPa、5MPa、10MPa、15MPa 的 UHPC 本构曲线，可分别得到等效屈服强度点、等效破坏强度点和等效残余强度点对应的轴向应力 σ_1 和围压 σ_2、σ_3，由于圆柱体试件的横向主应力与径向主应力相等,即 $\sigma_2=\sigma_3$,故主应力差 $\Delta\sigma$ 和静水压力 P 简化为:

$$\Delta\sigma=\sqrt{3J_2}=\sqrt{\frac{(\sigma_1-\sigma_2)^2+(\sigma_1-\sigma_3)^2+(\sigma_2-\sigma_3)^2}{2}}=|\sigma_1-\sigma_2| \tag{4-17}$$

$$P=\frac{1}{3}\left(\sigma_1+\sigma_2+\sigma_3\right)=\frac{1}{3}\left(\sigma_1+2\sigma_2\right) \tag{4-18}$$

由式(4-17)和式(4-18)分别求出不同围压下的主应力差 $\Delta\sigma$ 和静水压力 P,通过数值拟合即可得到如图 4-1 所示的 3 个剪切破坏面。

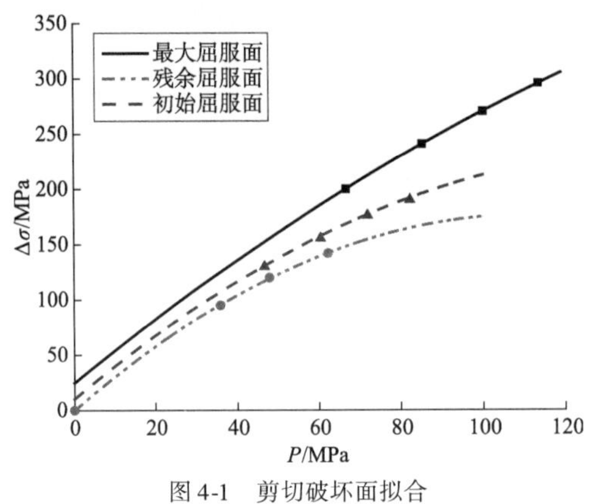

图 4-1　剪切破坏面拟合

4.2.3　剪切破坏面参数校准

结合图 4-1 以及式(3-11)~式(3-13)的 3 个剪切破坏面方程,运用回归分析,拟合出剪切破坏面 8 个确定参数,具体如表 4-1 所示。

剪切破坏面参数　　表 4-1

a_{0y}	a_{1y}	a_{2y}	a_0	a_1	a_2	a_{1f}	a_{2f}
29.081	0.28517	0.003802	89.58	0.5027	0.003623	0.31798	0.00169

4.2.4　损伤方程和状态方程参数校准

KCC 模型中损伤方程参数 η、λ 以及状态方程中 P、ε_v 和 K 参考文献[7-8]取值,具体如表 4-2 所示。

损伤函数和状态方程参数　　表 4-2

λ	η	ε_v	P/MPa	K/MPa
0	0	0	0	26433
0.000008	0.90	−0.0070340	185.9	26433
0.00002	0.98	−0.0289600	240	6568
0.00006	0.99	−0.0509810	390	6812
0.00017	1.00	−0.0628370	565	14760
0.00021	0.78	−0.0726130	737	17594
0.00031	0.45	−0.1443920	2000	17596

续上表

λ	η	ε_v	P/MPa	K/MPa
0.00061	0.30	-0.2161740	3263	17595
0.001	0.25	-0.2879500	4526	17596
0.00165	0.20	-0.3597290	5789	17596
0.0033	0.012	—	—	—
0.007	0.001	—	—	—
100	0	—	—	—

为了验证上述校准方法的有效性，图 4-2 给出了 UHPC 单轴抗压强度为 132MPa 时应力-应变曲线的试验结果[6]与计算结果对比，图 4-3 给出了不同围压下 UHPC 应力-应变曲线的试验结果与计算结果对比。

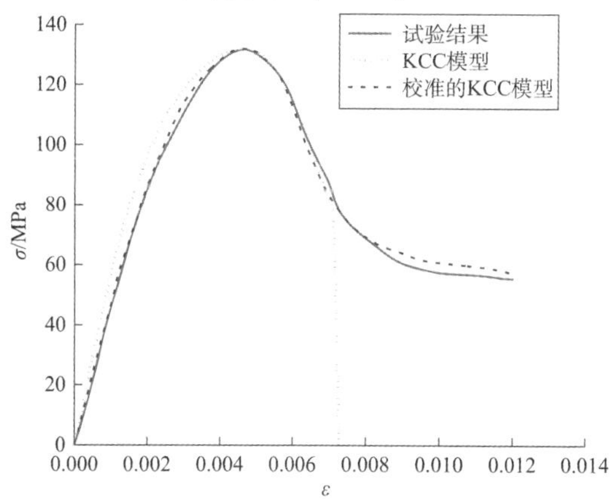

图 4-2　UHPC 应力-应变曲线的计算值与试验值对比

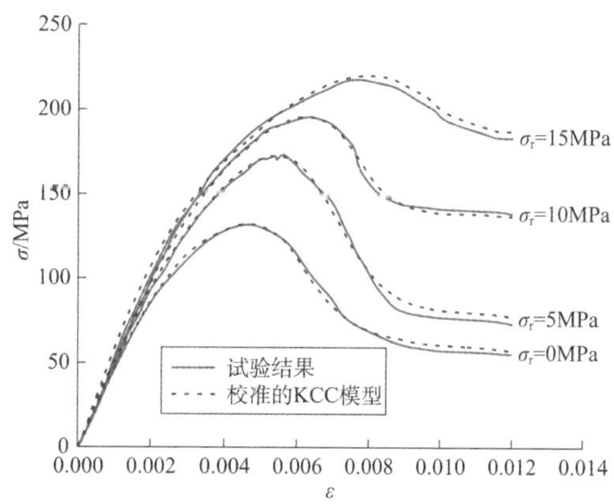

图 4-3　不同围压下 UHPC 应力-应变曲线的计算值与试验值对比

从图 4-2 可以看出，仅通过输入 UHPC 的单轴抗压强度，根据 KCC 模型自动生成的材料参数计算的 UHPC 应力-应变曲线与试验结果偏差较大，这是由于 KCC 模型自动生成的极限压应变较小，导致 UHPC 本构曲线在软化段出现急剧下降，但根据校准后 KCC 模型计算的 UHPC 应力-应变曲线与试验结果的吻合程度较高，表明校准后的 KCC 模型能反映 UHPC 的真实材料行为。从图 4-3 可以看出，根据校准后 KCC 模型计算的不同围压下 UHPC 应力-应变曲线与试验结果的吻合程度较高，计算的不同围压下 UHPC 应力-应变曲线的软化段在通过拐点后均出现了近似水平的平台，这是由于在式(4-10)中当 $\varepsilon/\varepsilon_0$ 比值达到一定程度后，第二项趋近于零，导致应力变化幅度减小，从而出现图 4-3 中近似水平的平台。

4.3　Holmquist-Johnson-Cook(HJC)模型参数校准

为解决混凝土材料在高应变率下的大应变、高围压、大变形等问题，Holmquist[3]于 1993 年提出了 HJC 模型，并基于单轴压缩、拉伸试验、三轴压缩试验和 SHPB 试验给出了针对普通混凝土的 HJC 模型原始参数取值。对于 UHPC 材料，若照搬前述试验方法对每个参数进行校准,将大大增加工作量,因此不少学者针对 UHPC 材料的 HJC 模型关键参数校准开展了一系列的研究。

陈睿等[9]基于 SHPB 技术提出了一种确定 HJC 模型关键参数的分阶段反求法,对参数 A、B、C、N 等未知参数进行敏感性分析,并根据敏感程度对参数进行分类,在此基础上,通过分阶段反求法确定各类参数,在每次参数反求时均将上一次反求结果作为已知条件,从而分阶段确定 HJC 模型关键参数。熊益波等[10]确定了三段式经验状态方程,进而根据三轴试验提出校准参数 A、B、N、S_{max} 的方法,通过塑性屈服面理论中 π 平面 Mises 准则与 Mohr-Coulomb 准则的相互关系得出归一化内聚强度系数 A 的推导公式。Tai[11]参考普通混凝土 HJC 模型参数取值,采用外推法拟合出单轴抗压强度为 173.5MPa 的 UHPC 的应力-压力曲线。

但上述学者并未系统给出 UHPC 材料应用 HJC 模型时的关键参数校准方法和步骤,且不同文献对 HJC 模型关键参数取值并不统一,尤其是强度参数 A 和参考应变率 $\dot{\varepsilon}_0$ 的取值未考虑普通混凝土与 UHPC 之间的差异性,其适用性和可靠性有待进一步研究。本研究中,HJC 模型关键参数校准步骤如下。

4.3.1 基本参数校准

HJC 模型中,基本参数包括材料密度、单轴抗压强度、抗拉强度和剪切模量,其中弹性模量 T 和剪切模量 G 由下式确定:

$$T = 0.62\,(f'_c)^{0.5} \tag{4-19}$$

$$G = E/(1+2v) \tag{4-20}$$

式中,E 和 G 分别表示弹性模量和剪切模量;v 表示泊松比。

以抗压强度 200MPa 的 UHPC 为例[12],v 为 0.2,E 为 47600MPa,则各参数取值见表 4-3。

基 本 参 数 表 4-3

ρ	f'_c	T	G
2540kg/m^3	200MPa	8.77MPa	34000MPa

4.3.2 损伤参数校准

HJC 模型中,损伤参数包括 D_1、D_2、ε_{fmin} 和 D。其中,损伤函数 D 由程序自动计算;对于普通混凝土,ε_{fmin} 建议取值为 0.01[3],对于 UHPC,考虑到纤维的增韧效果,本书推荐 ε_{fmin} 按 0.02 取值[11];D_2 按 Homlquist 建议按初始值 1.0 取值[3];D_1 可由下式确定[3,11]:

$$D_1 = \frac{2(1+\nu)\varepsilon_p^f}{(1/6+T^*)^{D_2}} \tag{4-21}$$

式中,ε_p^f 表示常压下混凝土材料破坏的等效塑性应变;T^* 表示最大拉伸强度 T 与单轴抗压强度 f'_c 的比值。

以抗压强度 200MPa 的 UHPC 为例[12],$\nu = 0.2$,$\varepsilon_p^f = 0.073$,$T = 8.77$MPa。应用式(4-21),

可求得损伤参数,如表4-4所示。

损伤参数 表4-4

D_1	D_2	ε_{fmin}
0.832	1.0	0.02

4.3.3 压力参数校准

HJC模型中,压力参数包括 K_1、K_2、K_3、P_{crush}、μ_{crush}、P_{lock} 和 μ_{lock}。其中,K_1、K_2、K_3 是控制混凝土压实之后应力-应变曲线的参数,对于UHPC材料,可按文献[13]取值,分别为85GPa、-171GPa和208GPa。对于 P_{lock},考虑到文献[13]已给出了抗压强度为48MPa的混凝土可取0.8GPa,抗压强度为140MPa的超高性能混凝土可取1GPa,且建议其他强度混凝土材料可采用线性内插的方法来确定,为此,本书采用线性插值的方法来求不同强度UHPC的 P_{lock} 值,相应的计算式为:

$$P_{lock}=\begin{cases}0.8+(f'_c-48)/460 & (f'_c<140)\\ 1.0+(f'_c-140)/460 & (f'_c>140)\end{cases} \tag{4-22}$$

P_{crush}、μ_{crush} 和 μ_{lock} 的计算公式如下[3]:

$$P_{crush}=\frac{1}{3}f'_c \tag{4-23}$$

$$\mu_{crush}=3P_{crush}(1-2v)/E \tag{4-24}$$

$$\mu_{lock}=\rho'_c/(\rho_0-\rho_f V_f+\rho'_c V_f)-1 \tag{4-25}$$

式中,ρ_0 表示纤维混凝土的表观密度;ρ_f 表示钢纤维密度;ρ'_c 表示素混凝土压实密度;V_f 表示钢纤维体积含量。

对于抗压强度200MPa的UHPC[12],ρ_0 取25.55kN/m^3,ρ_f 取78.5kN/m^3,ρ'_c 取26.8kN/m^3,V_f 取3%。应用式(4-22)~式(4-25),可求得压力参数如表4-5所示。

压力参数 表4-5

P_{crush}	μ_{crush}	P_{lock}	μ_{lock}
66.7e-03GPa	2.52e-03	1.130GPa	0.117

4.3.4 强度参数校准

HJC模型中,强度参数包括 A、B、C、N 和 S_{max}。现有研究表明,应变率系数 C 对屈服面方程的影响相对较小[9]。对于UHPC,C 可按Homquist推荐的初始值取0.007。参考Tai[11]的研究成果,S_{max} 按3.5取值。B 和 N 需通过给定的 A 由应力-压力归一化曲线拟合求得,其校准步骤为:

①应力-压力曲线的确定。目前暂无UHPC各个强度的应力-压力曲线,但Hanchak[13]的研究表明,轴向应力 σ 随静水压力 P 的增大而增大,且单轴抗压强度分别为48MPa和140MPa的混凝土的应力-压力曲线几乎相互平行;此后,Tai[11]基于Hanchak的研究成果,采用外推法拟合出单轴抗压强度为173.5MPa的UHPC的应力-压力曲线,通过与试验结果对比,证明模拟效果较好。为此,本书结合抗压强度为48MPa和140MPa的混凝土的应力-压

力曲线,通过外推法拟合出单轴抗压强度为200MPa的UHPC的应力-压力曲线,如图4-4所示。

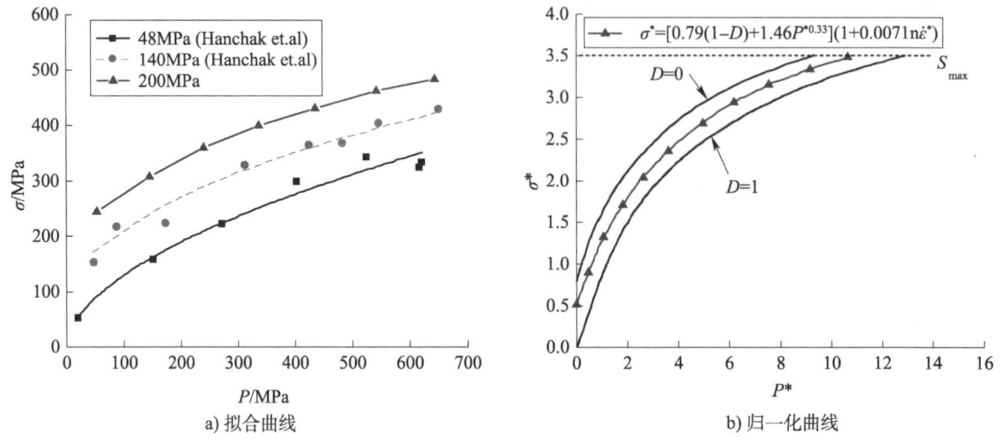

a) 拟合曲线

b) 归一化曲线

图4-4 抗压强度为200MPa的UHPC的应力-压力拟合曲线及归一化曲线

②B、N的确定。在确定UHPC应力-压力归一化曲线后,基于给定的参数A和$\dot{\varepsilon}_0$初始值,结合式(3-16),通过回归分析即可求得B、N的值。对于抗压强度为200MPa的UHPC,参数A取初始值0.79[3],$\dot{\varepsilon}_0$取$1s^{-1}$,通过回归分析可求得B和N分别为1.46和0.33,其中损伤参数D按混凝土材料失效时估算的损伤量取0.7702[14]。

基于上述方法,可以确定参数A取不同值时的B和N值。数值模拟时可通过分阶段反求法[9],在对比实测波形与计算波形的基础上,确定适合UHPC材料的强度参数A、B和N取值。

4.4 Continuous-Surface-Cap(CSC)模型参数校准

UHPC是一种新型水泥基材料,已有学者应用修正的CSC模型对低速冲击下UHPC梁的性能开展了数值研究。Guo等[15]通过比较KCC和CSC模型模拟UHPC梁的落锤试验,结果表明KCC模型的适用性相对较差,之后进一步对CSC模型进行参数校准与试验验证,指出修正的CSC模型能较好地模拟UHPC梁在低速冲击下的动态响应[16],然而未给出损伤参数断裂能的取值方法。Jiang等[17]提出了适用于普通混凝土构件低速冲击分析的损伤帽盖模型主要参数确定方法,但未考虑应变率效应的影响。

鲜有文献采用CSC模型对基于SHPB技术的UHPC冲击压缩试验进行数值模拟。考虑到UHPC与传统混凝土在强度、耐久性和抗裂性等方面具有明显的差异,如参考传统混凝土材料的处理方法,其适用性和可靠性仍有待深入研究。

4.4.1 屈服面参数校准

4.4.1.1 剪切破坏面参数校准

CSC模型中,剪切破坏面方程通过压缩子午线、剪切子午线和拉伸子午线来描述,其中压缩子午线参数包括参数α、β、λ、θ。由于鲜有UHPC的三轴等拉强度和双轴等拉强度的测试数据,通常假定混凝土三轴等拉强度f'_{tt}和双轴等拉强度f'_{bt}约等于混凝土单轴抗拉强度

f'_t[18]。Graybeal[19]提出了 UHPC 在不同养护条件下的单轴抗拉强度经验公式：

$$f'_t=\begin{cases}6.7\sqrt{f'_c}/\sqrt{145} & (\text{无养护措施})\\ 7.8\sqrt{f'_c}/\sqrt{145} & (\text{蒸压养护})\\ 8.3\sqrt{f'_c}/\sqrt{145} & (\text{高温和延时蒸压养护})\end{cases} \tag{4-26}$$

由于 UHPC 常使用蒸压养护，因此采用式(4-26)的第二式来确定 UHPC 的单轴抗拉强度、双轴等拉强度和三轴等拉强度。

Williams 等[20]对 UHPC 材料进行了三轴压缩试验，得到了如图 4-5 所示的试验数据，基于最小二乘法拟合如下方程：

$$\frac{\tau_0}{f'_c}=0.4509+0.4246\frac{\sigma_0}{f'_c} \tag{4-27}$$

式中，σ_0表示混凝土材料的正常强度，$\sigma_0=J_1/3$；τ_0表示混凝土材料的剪切强度，可由下式计算：

$$\tau_0=\sqrt{(\sigma_x-\sigma_y)^2+(\sigma_y-\sigma_z)^2+(\sigma_z-\sigma_x)^2}/3=\sqrt{\frac{2J_2}{3}} \tag{4-28}$$

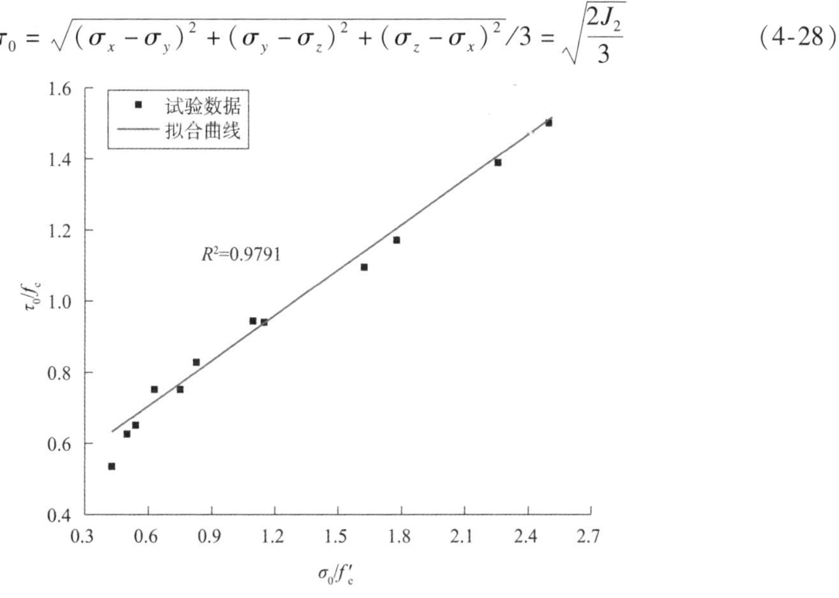

图 4-5 三轴压缩试验数据[20]及拟合方程

由式(4-27)和式(4-28)即可确定压缩子午线的三轴压缩控制点，分别取 J_1 等于 $0.1f'_c$ 和 $3f'_c$，得到 2 个三轴压缩控制点坐标分别为($0.1f'_c$,$0.56957f'_c$)和($3f'_c$,$1.07226f'_c$)，基于式(3-29)和图 3-11 中的 5 种应力状态，即可拟合出压缩子午线参数 α、β、λ、θ 如下[15]：

$$\alpha=-2.381\times10^{-5}f'^2_c+0.8064f'_c+21.78 \tag{4-29}$$

$$\theta=-2.381\times10^{-7}f'^2_c+1.357\times10^{-4}f'_c+0.1306 \tag{4-30}$$

$$\lambda=8.333\times10^{-5}f'^2_c+0.7168f'_c+18.8 \tag{4-31}$$

$$\beta=5.381\times10^{-8}f'^2_c-3.187\times10^{-5}f'_c+6.926\times10^{-3} \tag{4-32}$$

式中，f'_c表示 UHPC 单轴抗压强度；α 和 λ 为参数，单位均为 MPa；β 为参数，单位为 MPa^{-1}；θ 为无量纲参数。

以单轴抗压强度为200MPa的UHPC为例[12]，应用上述拟合方程得到的压缩子午线参数如表4-6所示。

压缩子午线参数　　表4-6

α	θ	λ	β
182.11MPa	0.1482	165.49MPa	$2.704\times10^{-3}\text{MPa}^{-1}$

拉伸子午线参数包括α_1、β_1、λ_1、θ_1，剪切子午线参数包括α_2、β_2、λ_2、θ_2。对于UHPC材料，根据CSC模型分析理论[4-5]，$Q_1(J_1)$和$Q_2(J_1)$应该不大于1.0，如果θ_1或$\theta_2>0$，当$J_1\to\infty$时，$Q_1(J_1)$或$Q_2(J_1)$可能大于1.0，为此参数θ_1和θ_2均被设置为零。考虑到在高围压应力状态下，屈服面在偏平面上的投影接近圆形，即当$J_1\to\infty$时，$\alpha_1+\theta_1J_1\approx1$，且$\alpha_2+\theta_2J_1\approx1$，因此在代入$\theta_1=\theta_2=0$后，可得到$\alpha_1=\alpha_2=1.0$。与此同时，当混凝土受拉时，CSC模型将自动设置$Q_1=0.5774$，$Q_2=0.5$，考虑到剪切破坏面方程中拉伸和压缩区域需平缓过渡，因此当压力为0时，$Q_1(0)=\alpha_1-\lambda_1=0.5774$和$Q_2(0)=\alpha_2-\lambda_2=0.5$也应成立，因此在代入$\alpha_1$和$\alpha_2$后可得到$\lambda_1$和$\lambda_2$分别为0.4226和0.5。

对于参数β_2，文献[15]给出了如下拟合方程：

$$\beta_2=4.689\times10^{-8}f_c'^2-2.258\times10^{-5}f_c'+3.476\times10^{-3} \tag{4-33}$$

式中，β_2的单位为MPa^{-1}。另外CSC模型开发人员建议参数β_1与前述的β_2取值一致[4-5]。

以单轴抗压强度为200MPa的UHPC为例[12]，应用上述拟合方法得到拉伸子午线和剪切子午线参数如表4-7所示。

拉伸子午线和剪切子午线参数　　表4-7

α_1	θ_1	λ_1	β_1	α_2	θ_2	λ_2	β_2
1.0MPa	0	0.4226MPa	8.356×10^{-4} MPa^{-1}	1.0MPa	0	0.5MPa	8.356×10^{-4} MPa^{-1}

4.4.1.2　盖帽硬化面参数校准

盖帽硬化面参数包括X_0、n、W、D_1和D_2。对于X_0，一般通过提取不同强度下静水压力-轴向应变实测曲线，应用数值回归来确定，其中X_0值为静水压力与轴向应变曲线由线性向非线性变化的拐点值。文献[21]给出了从低强度到高强度以及超高强度混凝土三轴静水压力与轴向应变的实测曲线，应用前述方法，图4-6给出了不同强度下实测X_0值与拟合曲线（两者相关系数$R^2=0.9747$），相应的X_0表达式为：

$$X_0=104.184-1.209f_c'+0.020f_c'^2 \tag{4-34}$$

根据CSC模型分析理论[4-5]，当$J_1=f_c'$时，盖帽硬化面曲线与剪切破坏面曲线将首次相交，因此盖帽面长轴与短轴的比值n可以用下式来评估：

$$n=(X_0-f_c')/(f_c'/\sqrt{3}) \tag{4-35}$$

以单轴抗压强度为200MPa的UHPC为例[12]，应用上述公式可求得X_0和n分别为662.384MPa和4.004。

对于W、D_1和D_2，已有的研究表明其值与混凝土单轴抗压强度关联不大[17]。对于UHPC材料，建议按普通混凝土取值，相应的W、D_1和D_2取值分别为0.05、$2.5\times10^{-4}\text{MPa}^{-1}$和

$3.492\times10^{-7}MPa^{-2}$。

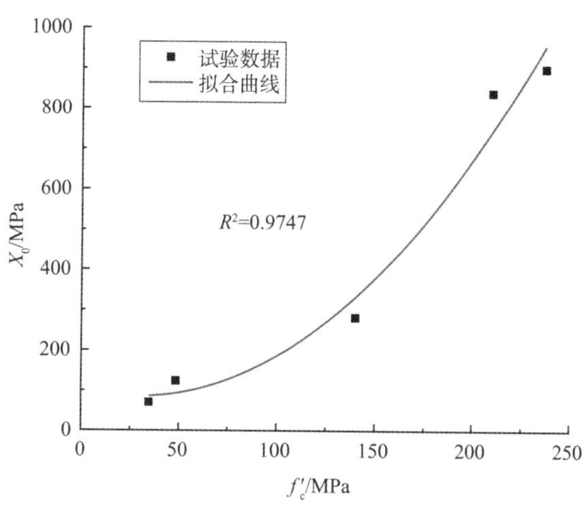

图 4-6　盖帽硬化面参数 X_0 实测值及其拟合曲线

4.4.2　损伤参数校准

盖帽硬化面参数包括塑性形状软化参数 B、单轴受压断裂能 G_{fc}、脆性形状软化参数 D、单轴受拉断裂能 G_{ft}、纯剪断裂能 G_{fs}、剪压转换参数 PWRC、剪拉转换参数 PWRT 和自定义软化参数 PWRD。

对于 UHPC 材料，考虑到参数 B、PWRC、PWRT 和 PWRD 与强度关联度不大[4-5]，建议按初始值取值，分别为 100、5、1 和 0；对于单轴受压断裂能 G_{fc}，可根据文献[22-24]提供的不同单轴抗压强度的 UHPC 单轴受压应力-应变曲线，结合数值积分得到不同单轴受压断裂能 G_{fc}，如图 4-7 所示，相应的 G_{fc} 拟合曲线（两者相关系数 $R^2=0.9051$）表达式如下：

$$G_{fc}=29.922-0.590f'_c+0.003f'^2_c \tag{4-36}$$

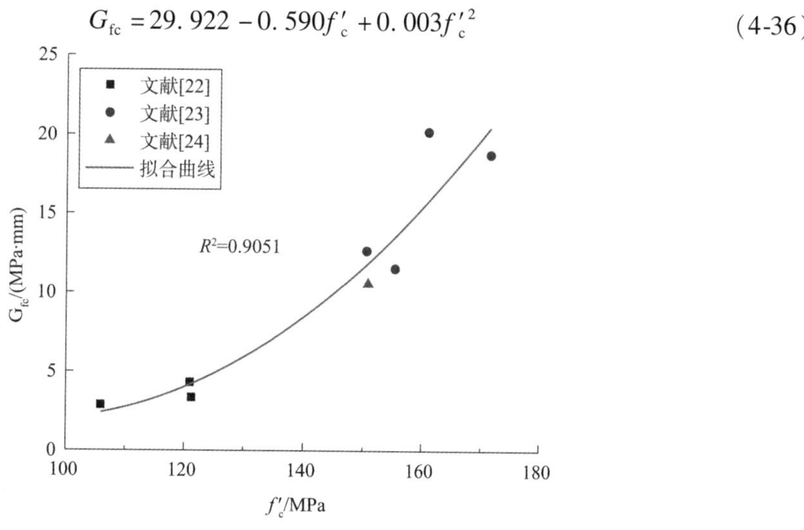

图 4-7　单轴受压断裂能 G_{fc} 值及其拟合曲线

文献[25]指出 UHPC 单轴抗拉强度按单轴抗压强度的 1/23.6 取值。为此，对于单轴受

拉断裂能 G_{ft}，本书建议按单轴受压断裂能 G_{fc} 的 1/23.6 取值。根据 CSC 模型开发人员建议，参数 G_{fs} 取值可与 G_{ft} 相等。

对于脆性形状软化参数 D，可通过拟合的单轴受拉应力-应变曲线与受拉本构曲线来确定。以单轴抗压强度为 200MPa 的 UHPC 为例[12]，受拉本构曲线选用文献[26]提出的考虑应变软化的单轴拉伸应力-应变曲线，其抗拉强度为 12.3MPa，峰值拉应变为 0.00011，软化点拉应变为 0.004，极值拉应变为 0.01。通过选取不同的 D 值，结合确定的其他参数，代入 CSC 模型中，可得到不同 D 值下拟合的受拉本构曲线，如图 4-8 所示。从图中可以看出，当 D 取值为 5000 时，受拉本构曲线与拟合曲线在弹性阶段、强化阶段和软化阶段前半部分吻合程度相对较好。

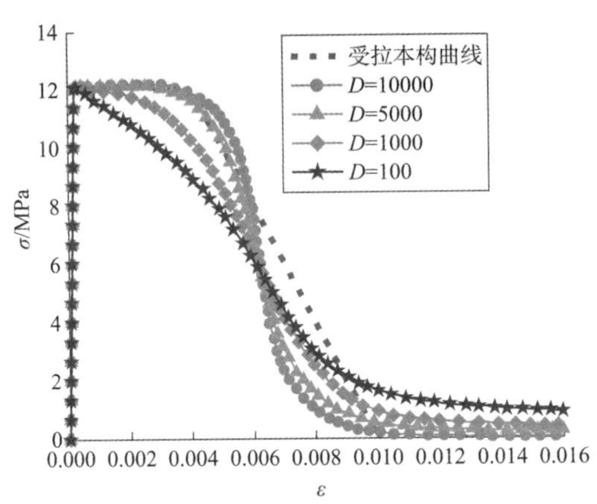

图 4-8　受拉本构曲线及其拟合曲线

4.4.3　应变率参数校准

为考虑应变率效应，在 CSC 模型中需要输入 η_{0c}、N_c、η_{0t}、N_t、OVERC、OVERT、SRATE 和 REPOW 共 8 个参数。对于 UHPC 材料，N_c、N_t、SRATE 和 REPOW 可按初始值分别取 0.78、0.48、1 和 0.5；对于 OVERT 和 OVERC 的取值，本节结合 Fujikake[27] 给出的 UHPC 动力增大系数公式，提出按下式来确定：

$$\mathrm{OVERT}=f'_t\left(\frac{\dot{\varepsilon}}{1.0\times10^{-6}}\right)^{0.0013\left[\log\left(\frac{\dot{\varepsilon}}{1.0\times10^{-6}}\right)\right]^{1.95}}-f'_t \tag{4-37}$$

$$\mathrm{OVERC}=f'_c\left(\frac{\dot{\varepsilon}}{1.2\times10^{-5}}\right)^{0.0055\left[\log\left(\frac{\dot{\varepsilon}}{1.2\times10^{-5}}\right)\right]^{0.951}}-f'_c \tag{4-38}$$

将式(4-36)和式(4-37)代入式(3-62)，即可求得 η_{0c} 和 η_{0t}。

以单轴抗压强度为 200MPa 的 UHPC 为例[12]，应用上述参数确定方法，取有效应变率 $\dot{\varepsilon}$ 为 $100s^{-1}$ 时(按中等应变率的最大值取[28])，求得的应变率参数如表 4-8 所示。

应变率参数　　表 4-8

η_{0c}	η_{0t}	OVERC	OVERT
1.146×10^{-3}	1.794×10^{-4}	147.25MPa	36.65MPa

4.5　损伤模型校准与有效性验证

4.5.1　数值仿真模型

应用大型有限元程序 LS-DYNA，建立基于 SHPB 试验的冲击压缩数值模型，模型中各构件均采用 3D solid164 实体单元，杆件横向和纵向分别按 5mm 和 30mm 进行网格划分，整形器、试件的横向均按 0.5mm 划分，纵向均按 0.1mm 划分。为减轻负体积的影响，在杆件与试件、杆件与整形器接触部分的单元进行适当网格细分，杆件接触部分纵向按 1mm 划分。为减少程序计算时间，数值模型省略吸能装置，仅保留撞击杆、波形整形器、入射杆、透射杆，并且采用 1/4 圆柱建模。最后在 LS-PREPOST 程序中进行模型镜像处理，如图 4-9 所示。为排除端面摩擦效应的影响，杆件与试件、杆件与整形器之间均采用自动面面接触（automatic surface-to-surface），并将静/动态摩擦系数设置为 0。为准确模拟试验过程中的动态弹塑性力学行为，选用 Plastic-Kinematic 模型作为整形器的材料模型，参数校准后的 KCC、HJC、CSC 模型作为 UHPC 试件的动态损伤模型，参数取值如表 4-1 ~ 表 4-8 所示。

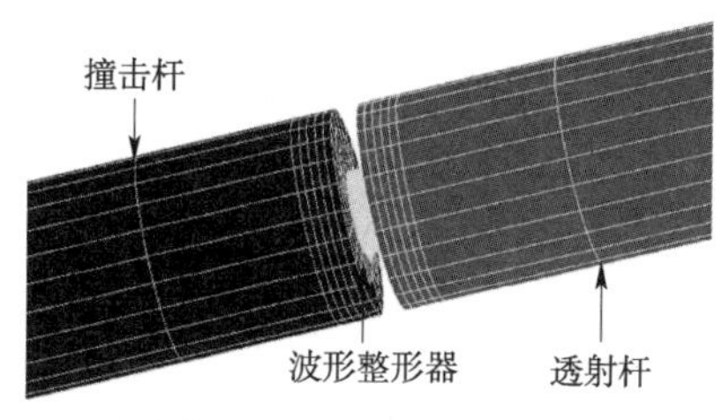

a)撞击杆-波形整形器-入射杆接触部位

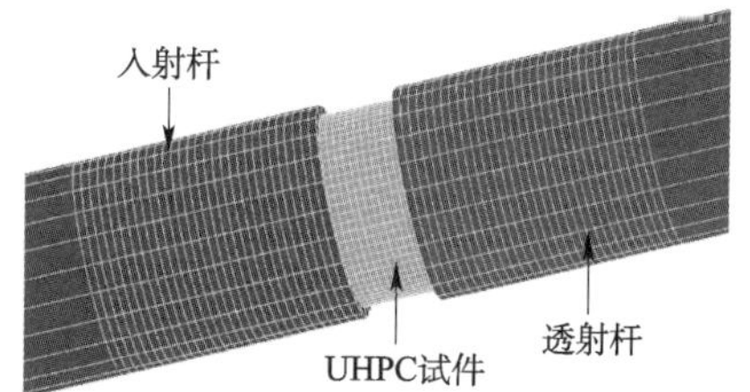

b)入射杆-试件-透射杆接触部位

图 4-9　SHPB 数值仿真模型

选用 Hassan 在文献[12]中对 UHPC 试件开展的 SHPB 试验对上述数值仿真模型进行试验验证，其中整形器材料采用铜质，其直径和厚度分别为 10mm 和 2mm，材料参数如表 4-9所示；UHPC 直径和长度分别为 23.8mm 和 9.2mm，单轴抗压强度为 200MPa；SHPB 装置中杆件的特征参数如表 4-10 所示，撞击杆速度为 10m/s，应变率为 $92.03s^{-1}$。

整形器材料参数　　表 4-9

材料	密度	体积弹性模量	泊松比	屈服强度	剪切模量	塑性硬化模量
铜	$8920kg/m^3$	140000MPa	0.35	70MPa	48000MPa	334MPa

杆件的特征参数　　表 4-10

设备	长度/mm	直径/mm	密度/(kg/m^3)	弹性模量/MPa	泊松比
撞击杆	305.0	25.4	9150	2×10^5	0.3
入射杆	3657.6	25.4	9150	2×10^5	0.3
透射杆	3657.6	25.4	9150	2×10^5	0.3

4.5.2 模型试验验证

4.5.2.1 KCC 模型试验验证

应用第 4.5.1 节中建立的 SHPB 数值仿真模型,将校准后的 KCC 模型关键参数(表 4-1 和表 4-2)作为 UHPC 试件的材料控制参数,对文献[12]中实测波形在有、无整形器两种情况下分别进行数值模拟,图 4-10 给出了实测波形和计算波形的对比。

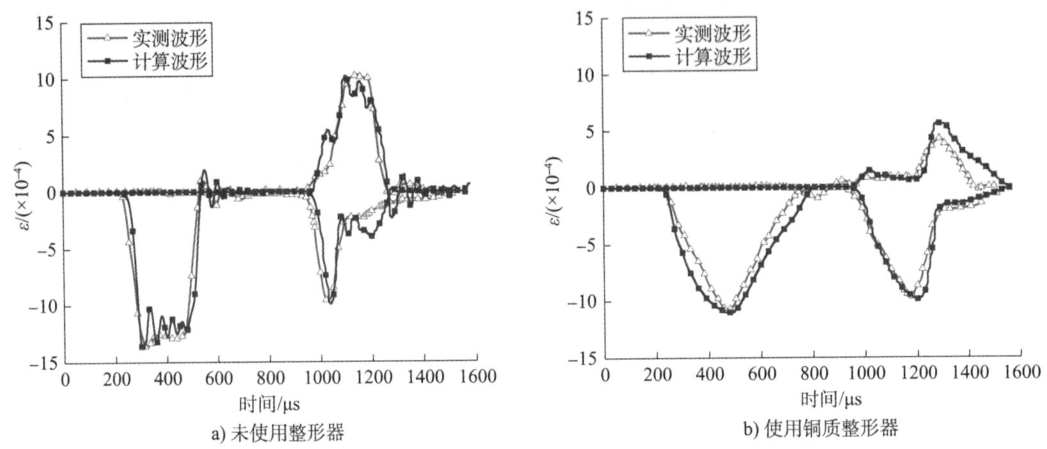

图 4-10 实测波形与计算波形对比

从图 4-10 可以看出,SHPB 试验实测波形与 KCC 模型的计算波形吻合程度较好,KCC 模型能较好地反映使用整形器前入射波有足够的上升时间和透射波达到峰值前反射波出现近似水平加载平台,有利于 UHPC 试件在破坏前达到应力平衡。此外,KCC 模型对透射波上升段和下降段的拟合效果较好。

4.5.2.2 HJC 模型修正及试验验证

以抗压强度为 200MPa 的 UHPC 为例,为得到给定参考应变率 $\dot{\varepsilon}_0$ 下合适的强度参数 A,应用上述强度参数确定方法,应变率系数 C 取 0.007,参考应变率 $\dot{\varepsilon}_0$ 取 $1s^{-1}$,得到不同参数 A 值对应的 B 和 N 值,如表 4-11 所示。

强度参数 表 4-11

A	B	N	A	B	N
0.79	1.46	0.33	1.54	1.29	0.36
1.29	1.35	0.35	1.64	1.26	0.37
1.44	1.32	0.35			

在确定强度参数 A、B、C 和 N 后,结合 HJC 模型中校准的其他参数,基于建立的 SHPB 数值模型,对文献[12]中实测入射波、反射波和透射波在有、无整形器两种情况下分别进行数值模拟,图 4-11 给出了参数 A 不同取值时实测波形和计算波形的对比。分析时撞击杆速度为 10m/s。

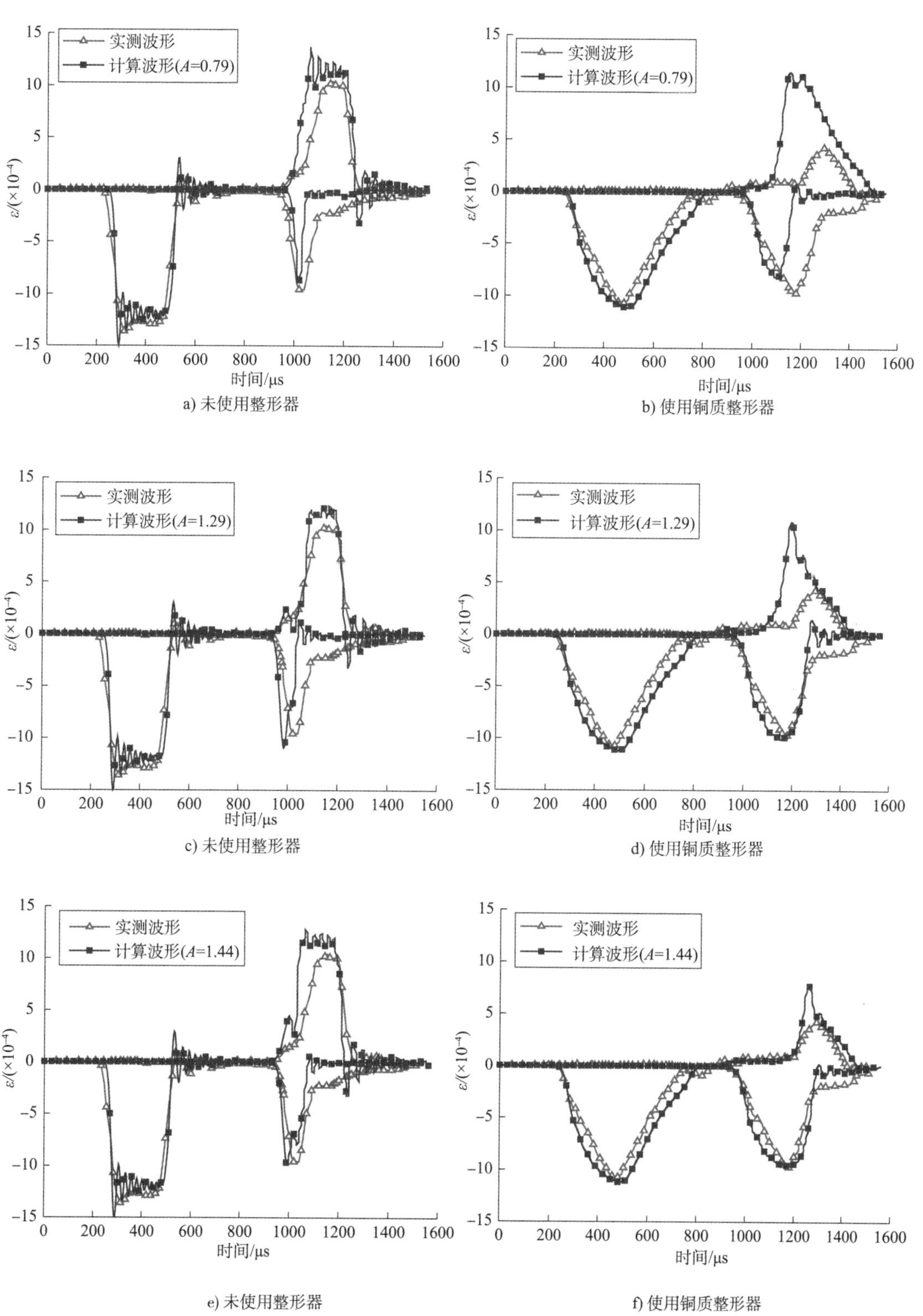
实测波形
计算波形(A=0.79)
计算波形(A=1.29)
计算波形(A=1.44)
ε/(×10⁻⁴)
时间/μs
15
10
5
0
−5
−10
−15
0
200
400
600
800
1000
1200
1400
1600
a) 未使用整形器
b) 使用铜质整形器
c) 未使用整形器
d) 使用铜质整形器
e) 未使用整形器
f) 使用铜质整形器

图　4-11

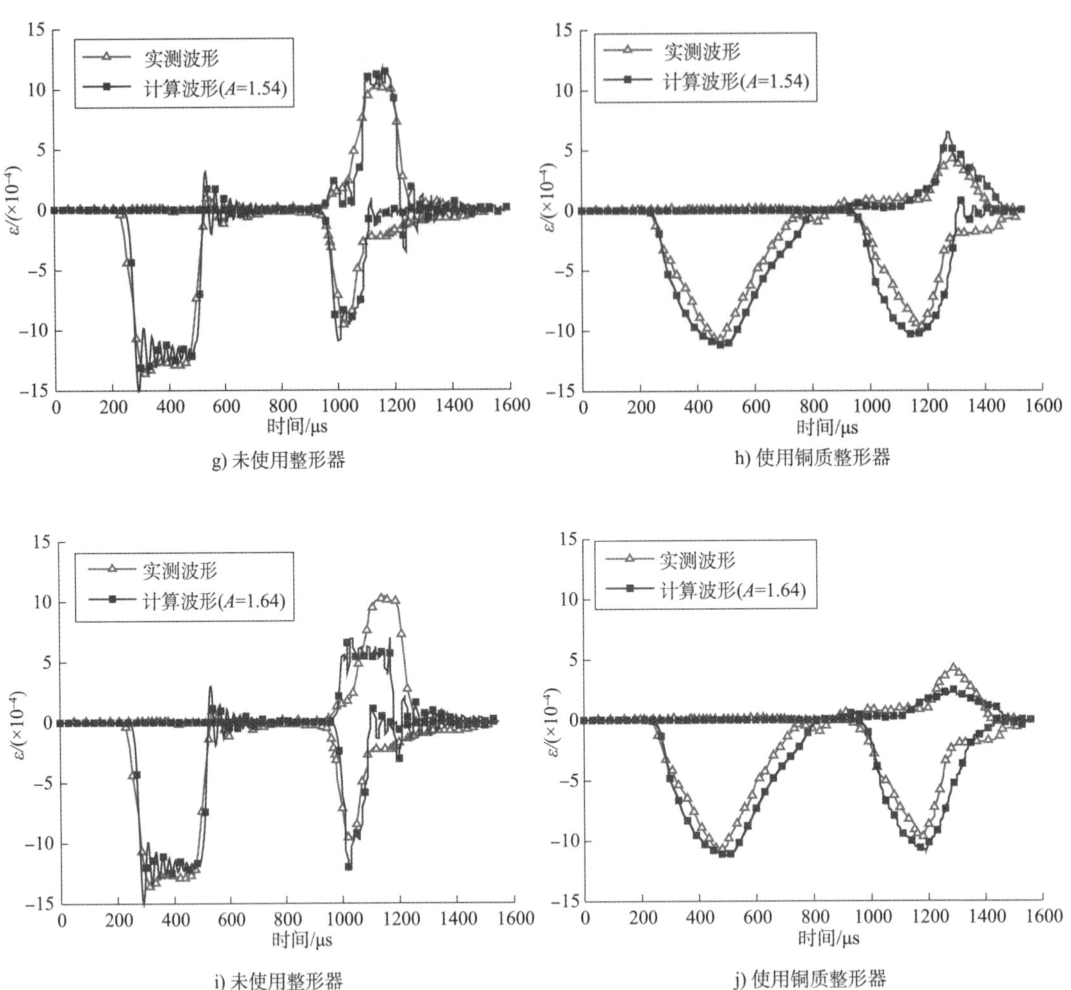

g) 未使用整形器　h) 使用铜质整形器

i) 未使用整形器　j) 使用铜质整形器

图 4-11　实测波形与计算波形对比

从图 4-11 可以看出，强度参数 A 的取值对 UHPC 动态损伤行为模拟的影响较大，随着强度参数 A 的增大，两种波形的吻合程度逐渐提高。当 $A=1.54$ 时，计算的反射波上升段和透射波峰值同实测值大致吻合，且数值分析能较好地模拟反射波整形后上升阶段出现的近似水平加载平台。随着 A 值继续增大，两种波形的吻合程度逐渐降低，表明当参考应变率 $\dot{\varepsilon}_0$ 取 $1\mathrm{s}^{-1}$ 时，强度参数 A 按 1.54 取值较为适宜。

4.5.2.3　CSC 模型试验验证

应用 4.5.1 节中建立的 SHPB 数值仿真模型，将校准后的 CSC 模型关键参数（表 4-6 ~ 表 4-8）作为 UHPC 试件的材料控制参数，对文献[12]中实测波形在有、无整形器两种情况下分别进行数值模拟，图 4-12 给出了实测波形同计算波形的对比。

从图 4-12 可以看出，实测的入射波、反射波和透射波形状同相应的计算波形大致吻合，表明基于合适的参数，应用修正的 CSC 模型建立的 UHPC 动态冲击压缩数值仿真模型具有较好的精准性。

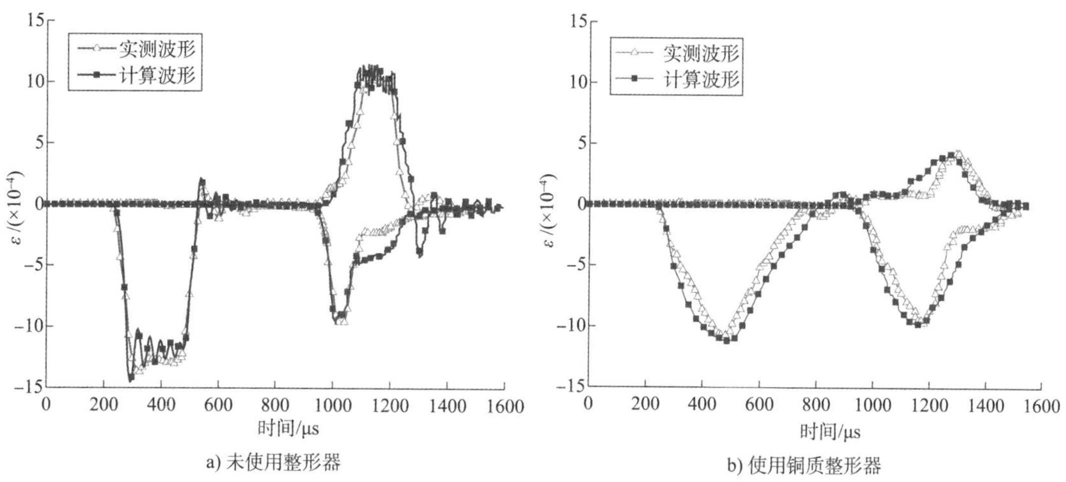

a) 未使用整形器　　b) 使用铜质整形器

图 4-12　实测波形同计算波形的对比

4.6　研究小结

本章应用 LS-DYNA 程序，结合 UHPC 的材料特性，校准了程序中 KCC 模型、HJC 模型、CSC 模型中关键参数的取值，建立了基于 SHPB 试验的 UHPC 冲击压缩数值模型，通过 SHPB 试验的实测波形与计算波形对比，得到了以下结论：

①KCC 模型控制参数包括剪切破坏面参数、损伤方程参数和状态方程参数。其中，剪切破坏面参数在明确不同围压下 UHPC 材料受压本构的基础上，得到相应的主应力差和静水压力，从而拟合出 3 个剪切破坏面方程，结合回归分析来确定；损伤方程和状态方程参数结合 UHPC 材料特性参考已有的研究成果进行校准。

②HJC 模型控制参数包括基本参数、损伤参数、压力参数和强度参数。其中基本参数根据 UHPC 材料特性取值；损伤参数考虑 UHPC 材料中纤维增韧效果进行校准；压力参数采用线性插值方法，结合已有混凝土材料压实静水压力数据进行校准；强度参数可通过应力-压力归一化曲线，结合分阶段反求法确定。结果表明强度参数 A 的取值对 UHPC 动态损伤行为模拟的影响较大，当参考应变率 $\dot{\varepsilon}_0$ 一定时，计算波形和实测波形的吻合程度随强度参数 A 值的增大表现出先提高后下降的趋势。

③CSC 模型控制参数包括剪切破坏面参数、盖帽硬化面参数、损伤参数和应变率参数。其中，剪切破坏面参数的压缩子午线参数通过三轴压缩试验数据确定；盖帽硬化面参数通过提取不同强度下静水压力-轴向应变实测曲线确定；损伤参数通过 UHPC 受压、受拉本构曲线来确定；应变率参数通过给出的 UHPC 动力增大系数公式确定。

④应用校准后的 KCC 模型、HJC 模型、CSC 模型计算得到的 UHPC 试件计算波形同 SHPB 试验实测波形基本吻合，计算波形能较好地反映反射波整形后上升阶段出现的近似水平加载平台，表明校准后的 KCC 模型、HJC 模型、CSC 模型能较好地模拟 UHPC 冲击压缩性能。

本章参考文献

[1] MALVAR L J, CRAWFORD J E, WESEVICH J W, et al. A new concrete material model for DYNA3D[R]. Glendale, CA: Karagozian and Case Structural Engineers, 1994.

[2] MALVAR L J, CRAWFORD J E, WESEVICH J W, et al. A new concrete material model for DYNA3D release Ⅱ: shear dilation and directional rate enhancements[R]. Glendale, CA: Karagozian and Case Structural Engineers,1996.

[3] HOLMQUIST T J, JOHNSON G R. A computational constitutive model for concrete subjected to large strains, high strain rates, and high pressures[C]// Proceedings of the 14th International Symposium on Ballistics. 1993: 591-600.

[4] MURRAY Y D. User's manual for LS-DYNA concrete material model 159[R]. Mc Lean, VA: Federal Highway Administration, 2007.

[5] MURRAY Y D,ABUODEH A Y, BLIGH R P. Evaluation of LS-DYNA concrete material model 159[R]. Mc Lean,VA: Federal Highway Administration, 2007.

[6] SAMANI A K, ATTARD M M. A stress-strain model for uniaxial and confined concrete under compression[J]. Engineering Structures, 2012, 41(3): 335-349.

[7] MARKOVICH N,KOCHAVI E, BEN-DOR G. An improved calibration of the concrete damage model[J]. Finite Elements in Analysis and Design, 2011, 47(11): 1280-1290.

[8] UNOSSON M. Numerical simulations of penetration and perforation of high performance concrete with 75mm steel projectile[J]. Defence Research Establishment, 2000.

[9] 陈睿, 刘杰, 韩旭, 等. 混凝土材料动态本构参数的分阶段计算反求技术[J]. 爆炸与冲击, 2014, 34(3): 315-321.

[10] 熊益波, 陈剑杰, 胡永乐, 等. 混凝土 Johnson-Holmquist 本构模型关键参数研究[J]. 工程力学, 2012, 29(1): 121-127.

[11] TAI Y S. Flat ended projectile penetrating ultra-high strength concrete plate target[J]. Theoretical and Applied Fracture Mechanics, 2009, 51(2): 117-128.

[12] HASSAN M, WILLE K. Experimental impact analysis on ultra-high performance concrete (UHPC) for achieving stress equilibrium (SE) and constant strain rate (CSR) in split Hopkinson pressure bar (SHPB) using pulse shaping technique[J]. Construction and Building Materials, 2017, 144: 747-757.

[13] HANCHAK S J, FORRESTAL M J, YOUNG E R, et al. Perforation of concrete slabs with 48 MPa (7 ksi) and 140 MPa (20 ksi) unconfined compressive strengths[J]. International Journal of Impact Engineering, 1992, 12(12): 1-7.

[14] 张若棋, 丁育青, 汤文辉, 等. 混凝土 HJC、RHT 本构模型的失效强度参数[J]. 高压物理学报, 2011, 25(1): 15-22.

[15] GUO W, FAN W, SHAO X D, et al. Constitutive model of ultra-high-performance fiber-reinforced concrete for low-velocity impact simulations[J]. Composite Structures, 2018, 185:307-326.

[16] 贾鹏程，吴昊，方秦. 基于 CSC 模型的 UHPC 构件侧向低速冲击分析[J]. 建筑结构学报，2020：1-15.

[17] JIANG H, ZHAO J. Calibration of the continuous surface cap model for concrete[J]. Finite Elements in Analysis and Design, 2015, 97: 1-19.

[18] CHEN W F. Plasticity in reinforced concrete[M]. New York: J. Ross Publishing, 2007.

[19] GRAYBEAL B A. Material property characterization of ultra-high performance concrete [R]. Federal Highway Administration, 2006.

[20] WILLIAMS E M, GRAHAM S S, AKERS S A, et al. Constitutive property behavior of an ultra-high-performance concrete with and without steel fibers[J]. Computers and Concrete, 2010, 7(2): 191-202.

[21] WILLIAMS E M, GRAHAM S S, AKERS S A, et al. Constitutive property behavior of an ultra-high-performance concrete with and without steel fibers[J]. Computers and Concrete, 2010, 7(2): 191-202.

[22] REN G M, WU H, FANG Q, et al. Effects of steel fiber content and type on static mechanical properties of UHPCC[J]. Construction and Building Materials, 2018, 163: 826-839.

[23] HASSAN A M T, JONES S W, MAHMUD G H. Experimental test methods to determine the uniaxial tensile and compressive behaviour of ultra high performance fibre reinforced concrete (UHPFRC)[J]. Construction and Building Materials, 2012, 37(1): 874-882.

[24] PRABHA S L, DATTATREYA J K, NEELAMEGAM M, et al. Study on stress-strain properties of reactive powder concrete under uniaxial compression [J]. International Journal of Engineering Science and Technology, 2010, 2(11): 6408-6416.

[25] 任亮，方志，王诚. 基于 OpenSees 的 RPC 桥墩拟静力数值模拟与参数分析[J]. 铁道学报，2015，37(10)：92-99.

[26] MAO L, BARNETT S, BEGG D, et al. Numerical simulation of ultra high performance fibre reinforced concrete panel subjected to blast loading[J]. International Journal of Impact Engineering, 2014, 64: 91-100.

[27] FUJIKAKE K, TSUD K, OHNO T, et al. Dynamic properties and its constitutive model of steel fiber reinforced high-strength mortar under triaxial rapid compressive loads[J]. Doboku Gakkai Ronbunshu, 2010(704): 37-53.

[28] 任亮，何瑜，王凯. 超高性能混凝土抗冲击性能研究进展[J]. 硅酸盐通报，2018，37(1)：146-154，165.

第5章

超高性能混凝土冲击压缩试验波形整形技术与径向惯性效应

5.1 引　　言

考虑到在SHPB试验中应用波形整形技术和降低径向惯性效应的UHPC研究相对较少,如参考传统混凝土材料的处理方法,其适用性和可靠性仍有待深入研究。针对上述问题,本章基于第4章校准后的KCC模型,开展整形器在不同材料、直径和厚度下的参数分析,探讨其对SHPB试验中恒应变率加载和试件应力平衡的影响。在此基础上,开展不同UHPC试件尺寸、有/无整形器及应变率下的参数分析,探讨其对SHPB试验中UHPC试件径向惯性效应的影响,通过优化试件的尺寸以达到降低惯性效应对试验结果影响的目的。

5.2　波形整形技术

5.2.1　波形整形

早在20世纪70年代,人们就开始讨论入射波形的整形对试验结果的影响。Duffy等[1]首先提出了整形器的构想。其后Christensen等[2]在Hopkinson压杆上通过改变撞击杆的形状来改善岩石的应力应变曲线的初始部分。但这种改变撞击杆形状的方法只能改善试件内的应力均匀性。为确保试件在恒应变率条件下变形,Ellwood等[3]在Hopkinson压杆试验中采用三杆加载法(图5-1),比传统的SHPB系统多一根预加载杆和虚拟试件(整形器),其中预加载杆、虚拟试件的材料和尺寸分别同入射杆和试件的一致。理论和试验结果表明,模拟试件最好采用与真实试件相同的材料,以保证两者具有相同的屈服和流动行为,相对于真实试件的入射脉冲具有与透射脉冲相近的形状,从而可获得近似平台的反射波,实现恒应变率加载。这种方法虽实现了恒应变率加载条件的效果,但是在消除高频振荡方面则存在一定的局限性。因此,在Ellwood等研究成果的基础上,Parry等[4]采用了一种强度比入射杆低的预加载杆,并取消了虚拟试件,从而简化了整个试验装置,获得了可基本消除振荡的入射波,但这种方法不能保证试件在恒定应变率加载条件下变形。在上述研究结果的基础上,人们尝试通过改变撞击杆的形状来大幅度改变入射波的形状。Li等[5-6]将撞击杆两端均设计成锥形,用其对岩石进行加载,可消除加载波的振荡和实现恒应变率加载。Lok等[7]采用2种长短不同的锥形撞击杆研究其对钢纤维混凝土材料冲击响应的影响。

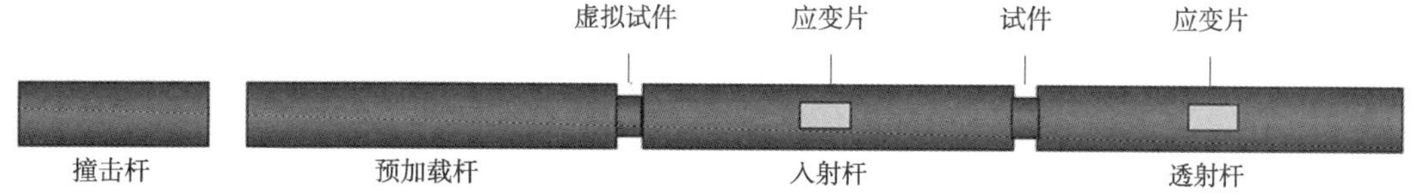

图5-1　带有预加载杆和虚拟试件的Hopkinson压杆装置系统[3]

波形整形技术逐渐被应用到Hopkinson杆加载系统上。为获得合理有效的波形整形效果,不仅从试验的角度开展了大量的工作,还通过数值模拟的方式研究整形器的材料、几何尺寸等方面。Baranowski等[8]通过改变撞击杆的形状研究其对入射波峰值形状的影响,试图找到合适的撞击杆形状。Naghdabadi等[9]分别从改变整形器的厚度、直径、撞击杆的长度以及撞击速度等方面研究其对加载波形的影响,结果表明若测试加工硬化的材料,则需要用相对直径较大的整形器;对于不同的撞击速度,则需要按照整形器厚度和横截面积正比于撞击速度的情况来确定整形器的形状。Nemat-Nasser等[10]考虑了整形器塑性变形的模型,利用幂指数关系模拟铜合金作为整形器条件下产生的入射波形状。Frew等[11-12]对S. Nemat-Nasser的模型进行了扩展,将其应用到两种材料的整形器上,结果表明当整形器的几何尺寸和撞击速度改变时可获得较宽范围的入射波形。Ramirez等[13]模拟了整形器的材料类型和尺寸对入射波的影响。李夕兵等[14]将撞击杆设计成变截面的圆柱体,采用数值模拟的方法,得到了适于测试岩石的大直径Hopkinson杆对应的撞击杆。由此可见,这种改变撞击杆形状的方法虽可改善加载波形状,但需加工不同形状的撞击杆,使撞击杆重复使用率下降,进而增加了测试过程的复杂性。

之后,Franz和Follansbee等[15-16]讨论了入射波整形的必要性和优越性,研究Ellwood的整形方法,发现真正对波形有影响的是整形器。Woo等[17]采用铜作为整形器,研究了装甲结构材料的动态压缩行为。陶俊林等[18]采用整形器的材料和尺寸同试件一致的方法,获得了恒应变率加载的过程。Vecchio等[19]选择采用高强度、高加工硬化率的材料作为整形器,得到了适合高强度和加工硬化行为较强材料的整形器尺寸。由此可见,采用波形整形的Hopkinson压杆可用来获得金属材料的动态压缩行为,由于大部分金属材料都表现为近似双线性的弹塑性硬化特性,Hopkinson杆试验中理想的入射脉冲形状也应保持类似的双线性硬化特性以使试件在恒应变率加载下变形。

脆性材料的力学响应常表现出近似线弹性的应力应变力学行为,因此入射脉冲的形状应近似于线性的斜坡脉冲,才可确保试件在恒应变率加载条件下变形,同时,为使试件在最短时间内达到应力均匀状态,该线性斜坡脉冲的上升沿时间不能太短。由此,针对脆性材料在冲击载荷作用下的变形行为,开展了相应的测试技术方面的研究工作。Lee等[20]采用纯铜作为整形器,实现了牛股骨试样的动态平衡状态,给出了入射波上升沿时间与整形器厚度之间的关系,但该关系式并不能推广应用到其他材料的测试。Li等[21]通过分析整形器直径对混凝土测试结果的影响指出,采用合理的整形器尺寸可实现恒应变率加载过程,并且实现不同应变率需设计不同几何尺寸的整形器。汪洋等[22]采用整形器消除了加载波形的振荡且对冰试件实现了恒应变率加载的过程。Chen等[23]采用两撞击杆的方法研究装甲用陶瓷材料的损伤演化过程,在两次撞击的过程中实现了恒应变率加载,这主要依赖于选用了两个合适的整形器,其中一个粘贴在入射杆的撞击端,而另一个则安放在两撞击杆中间。根据整形器在脆性材料动态变形行为中的作用可知,整形器几何尺寸与测试材料和加载应变率密切相关。

使用“二波法”或“三波法”处理 SHPB 试验数据时,为保证式(2-1) ~ 式(2-3)和式(2-5) ~ 式(2-7)成立,SHPB 试验中需满足四个前提:①应力波一维传播;②试件与杆件接触端面的摩擦效应可被忽略;③保持加载过程中试件前、后端面的应力平衡;④实现恒应变率加载。其中,为保证应力波的一维传播,在设计 SHPB 装置时采用细长杆件以保证杆件的半径远小于应力脉冲宽度[24];可通过在接触端面涂抹凡士林等润滑剂的方式来减轻。端面摩擦效应的影响。而实现恒应变率加载和试件的应力平衡是传统 SHPB 试验面临的最大挑战。这是由于传统 SHPB 试验中获得的入射波通常是如图 5-2 所示的梯形波,相对于其他加载波形,梯形波上升沿持续时间短(通常小于应力波在试件两个端面之间来回传播 3 ~4 次后达到应力平衡的时间)且伴随高频振荡[25],导致应变率剧烈波动,通常难以实现恒应变率加载和试件应力平衡。考虑到 SHPB 试验中恒应变率加载和试件应力平衡的实现同入射波的上升持续时间和波形密切相关,理想的入射波应具有一定的持续时间且上升平缓。为此,可通过如下方法实现恒应变率加载和试件的应力平衡:

①减小试件的长径比。采用薄片试件,减少应力波在试件中来回传播所需的时间,在较短的时间内实现试件应力应变的均匀变化,但试件的长径比过小会增大试件的径向惯性效应和试件-杆件端部摩擦效应。

②增加入射波的长度。通过增加入射波的长度,保证入射波有充足的上升段时间,使得试件有充足的反射次数以实现试件应力应变的均匀变化。但入射波长度受撞击杆长度的限制,入射波长度等于撞击杆长度的两倍,而撞击杆长度又受入射杆长度的限制,撞击杆长度最大为入射杆长度的二分之一,即入射波长度最大为入射杆长度。

③在入射杆的加载端设置波形整形器。在传统 SHPB 装置的撞击杆和入射杆之间放置一个可变形的软质材料作为波形整形器,当撞击杆高速撞击入射杆时,波形整形器通过塑性变形将原梯形入射波转化成类似三角形的入射波(图 5-2),从而提高入射波的上升段持续时间。该方法不仅能有效改善试件应力均匀化的问题,而且能降低杆件的弥散效应,是混凝土类脆性材料进行冲击压缩试验不可或缺的波形整形技术。

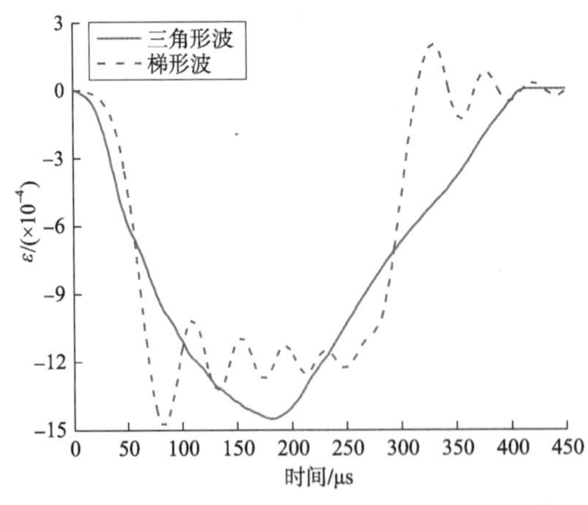

图 5-2 SHPB 试验整形前后入射波对比

以文献[26]为例,UHPC 试件厚 23.8mm,应力波在试件中的波速约为 4300m/s,4 次传播所需时间为 45μs，因此通过在入射杆的加载端设置波形整形器，入射波上升段时间达到 180μs，保证入射波上升段时间大于 45μs，以实现试件两端应力平衡，即实现试件内部应力、应变均匀分布。在此之后，试件在应力均匀的状态下达到峰值应力而破坏。

5.2.2　整形效果评价指标

5.2.2.1　恒应变率因子

为评估波形整形后实现恒应变率加载的效果，将有效加载时间内应变率相对于平均应变率的偏离定义为恒应变率因子（Constant Strain Rate Factor，CSRF），将 CSRF 作为恒应变率加载的评价指标（图 5-3），计算式为：

$$\mathrm{CSRF}=\frac{S}{t_0} \tag{5-1}$$

$$S=\sum\dot{\varepsilon}(t)\times\Delta t-t_0\times\overline{\dot{\varepsilon}} \tag{5-2}$$

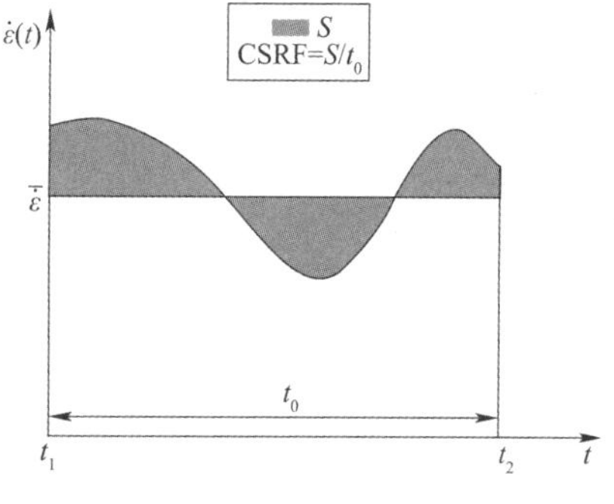

图 5-3　恒应变率加载的定义

式中，S 表示有效时长 t_0 内应变率相对于平均应变率的偏离值之和；t_0 表示有效时长，建议按上升段的 70% ~100% 峰值应力对应的时长取值[26]；$\dot{\varepsilon}(t)$ 表示 t 时刻的应变率；Δt 表示时间步；$\overline{\dot{\varepsilon}}$ 表示有效时长 t_0 内的平均应变率。

从式（5-1）和式（5-2）可以看出，CSRF 值越小表示整形器修正入射波实现恒应变率加载的效果越好，根据文献［26］试验结果，一般认为 CSRF 不大于 30% 时可实现恒定应变率加载。

5.2.2.2　应力平衡因子

引入应力平衡因子 SE 作为整形器实现试件应力平衡的评价标准，相应的计算式为：

$$\mathrm{SE}=2\left|\frac{\sigma_z^{(a)}-\sigma_z^{(b)}}{\sigma_z^{(a)}+\sigma_z^{(b)}}\right| \tag{5-3}$$

式中，$\sigma_z^{(a)}$ 和 $\sigma_z^{(b)}$ 分别表示试件前端接触应力和后端接触应力。

从式（5-3）可以看出，SE 值越趋近于零，试件两端的应力越均匀，通过整形器实现试件应力平衡的效果越好。

基于上述数值分析方法，本节选取波形整形器的材料、直径和厚度等关键参数，对 UHPC 试件在 SHPB 试验中应用整形器的效果进行分析。分析时 SHPB 装置、试件尺寸和 UHPC 单轴抗压强度与第 4.5.1 节中取值一致。

5.2.3　整形器材料整形效果

为探讨波形整形器材料对波形修正效果的影响，在保持整形器厚度（2mm）不变的情况下，分别对铜质和铝质整形器的整形效果进行分析对比，如图 5-4 所示（图中铜用 Cu 表示，铝用 Al 表示）。分析时整形器的直径分别取 6mm、8mm 和 10mm。

从图 5-4a）可以看出，未设置整形器时，SHPB 装置在加载过程中恒应变率因子 CSRF 值达到 69%，在使用整形器后 CSRF 值明显降低且均小于 30% 的临界值，表明整形器是实现恒应变率加载的有效途径;在整形器尺寸相同情况下,相对于铜质整形器,铝质整形器能获得更小的 CSRF 值,意味着铝质整形器对入射波的修正效果优于铜质整形器,能更好地实现恒定应变率加载。

从图 5-4b) ~ d) 可以看出,未使用整形器时,试件在 100μs 左右时达到透射波峰值,而在此之前应力平衡因子 SE 处于快速下降状态,表明试件在破坏前未实现应力平衡;在使用整形器后(以直径 10mm、厚度 2mm 铜质整形器和直径 6mm、厚度 2mm 铝质整形器为例),试件达到透射波峰值的时间明显延迟,且在破坏(透射波峰值对应时刻)前应力平衡因子 SE 具有明显的趋近于零的平台,表明铜质和铝质整形器均能使试件在破坏前实现应力平衡。考虑到铝质整形器相对于铜质整形器能更好地实现恒定应变率加载,因此后续的分析中选取铝质整形器进行分析。

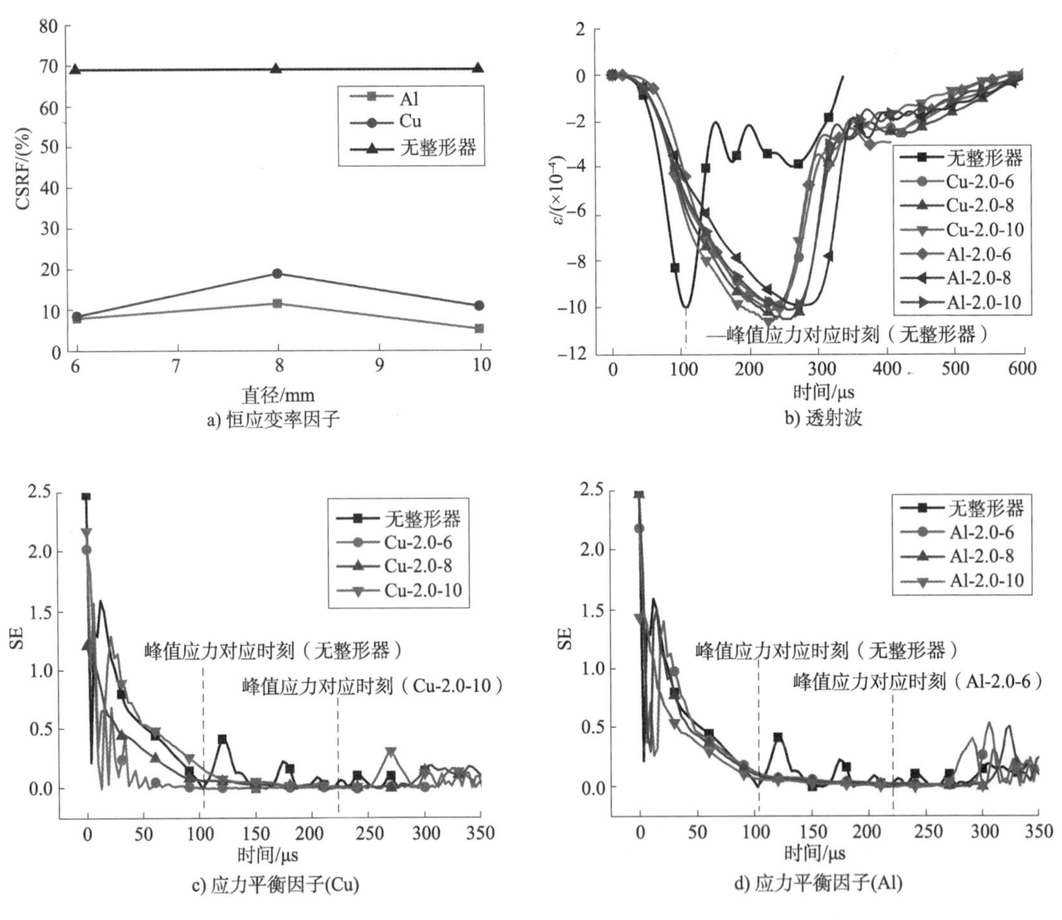

图 5-4 不同整形器材料下的整形效果对比

5.2.4 整形器直径整形效果

为探讨整形器直径(D_P)的影响,分别选取 6mm、8mm、10mm 和 12mm 直径的铝质整形器,并对其整形效果进行对比,如图 5-5 所示。分析时图 5-5a) 中考虑整形器厚度的变化,图 5-5b) ~ d) 中整形器厚度取 2mm。

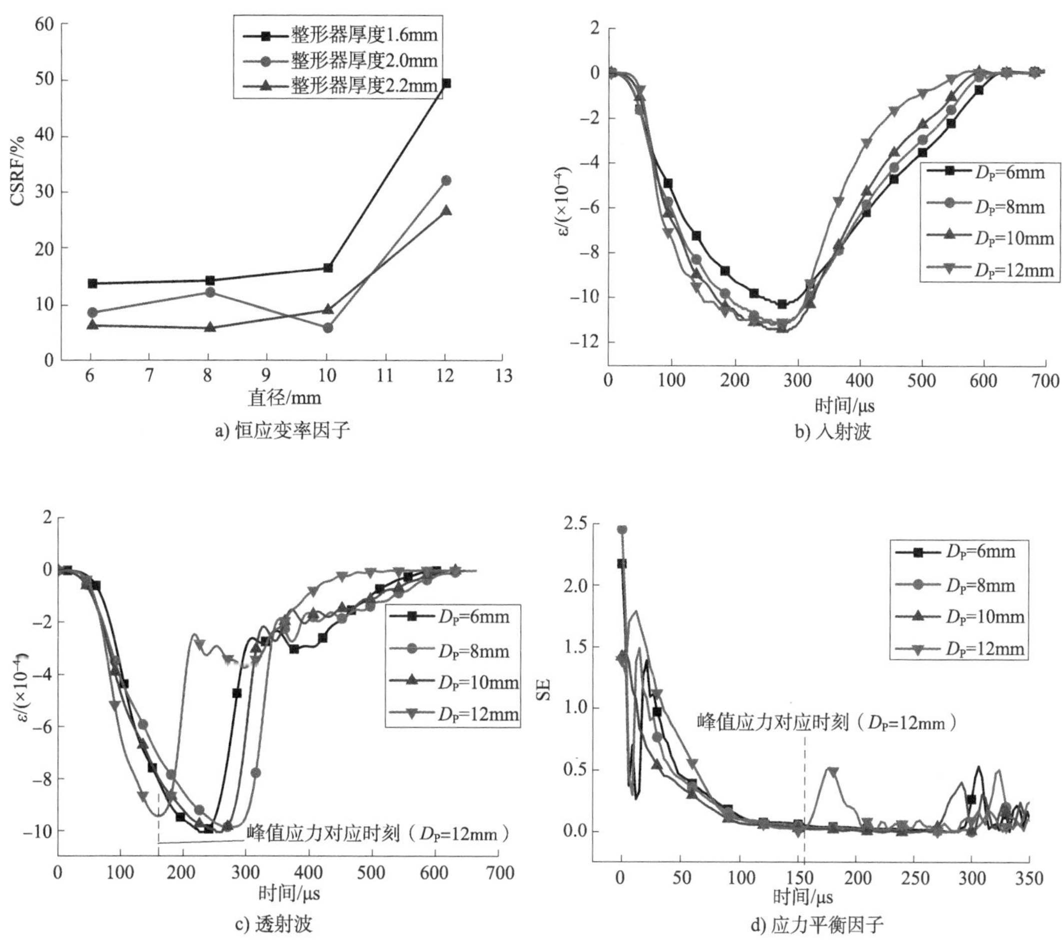

a) 恒应变率因子　　b) 入射波　　c) 透射波　　d) 应力平衡因子

图 5-5　整形器直径对整形效果对比

从图 5-5a) ~ b) 可以看出,直径为 6mm、8mm 和 10mm 的铝质整形器在不同厚度时 CSRF 值均小于 30%,较好地实现试验过程中的恒应变率加载。整形器直径加大到 12mm(整形器与杆件直径比为 0.47)时,CSRF 值相对于 10mm 直径(整形器与杆件直径比为 0.4)整形器出现成倍的增长,表明整形器直径增大到一定的程度后,过大的整形器截面尺寸使波形开始偏离一维应力波传播,进而难以实现恒应变率加载,图 5-4b) 中直径 12mm 整形器生成的入射波出现波形振荡也验证了这点。

从图 5-5c) ~ d) 可以看出,透射波上升沿持续时间随整形器直径的增大,呈先增大后减少的趋势(直径 8mm 时最大),但在整形器直径为 12mm 时,透射波上升沿持续时间相对于 10mm 时出现明显减少,相应的应力平衡因子 SE 在透射波峰值之前,未出现类似于其他直径整形器趋近于零的稳定平台,表明试件破坏前并未达到应力平衡。因此,从实现恒应变率加载和试件应力平衡出发,建议整形器直径不宜大于杆件直径的 0.4 倍。

5.2.5　整形器厚度整形效果

为探讨整形器厚度的影响,分别选取 1.3mm、1.6mm、2.0mm、2.2mm 厚度的铝质整形器,并对其整形效果进行分析对比,如图 5-6 所示。分析时图 5-6a) 中考虑整形器直径的变化，图 5-6b）～d）中整形器直径按 10mm 取值。

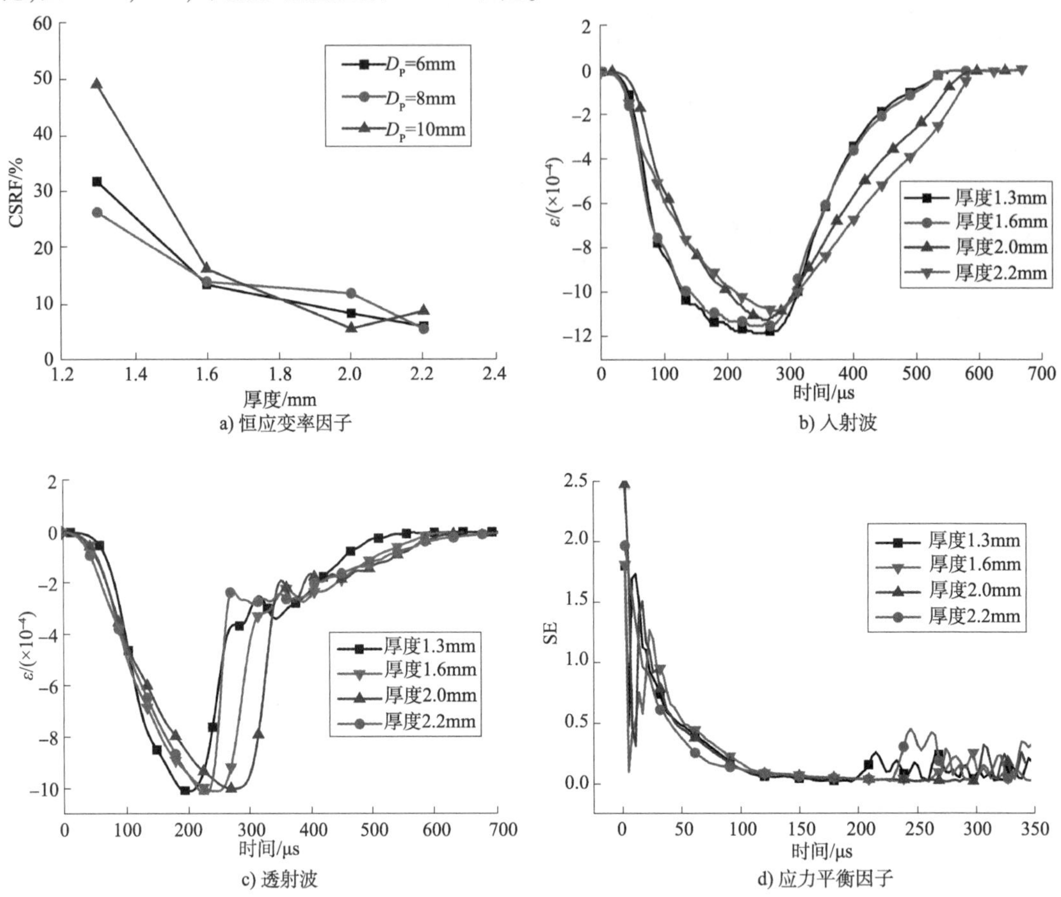

a) 恒应变率因子　b) 入射波　c) 透射波　d) 应力平衡因子

图 5-6　整形器厚度对整形效果对比

从图 5-6a）可以看出，随着整形器厚度的增加，CSRF 值逐渐减小，当整形器厚度达到 1.6mm 时，各直径的铝制整形器均能使加载过程达到恒定应变率加载（CSRF＜30%），表明增加整形器的厚度将更好地实现试验过程中的恒定应变率加载。当整形器厚度达到 2mm 时，CSRF 减少幅度显著下降。随着整形器厚度增加，整形器的变形能力逐渐提高，入射波的上升沿持续时间和入射波的持续时间逐渐增加［图 5-6b）］，入射波的振荡逐步衰弱，反射波（应变率时程曲线）的振荡随之减弱，CSRF 值逐渐减小。

从图 5-6c）～d）可以看出，不同厚度整形器的试件破坏前应力平衡因子 SE 均具有明显趋近于零的稳定平台，但当整形器厚度达到 2.2mm 时，相对于 2.0mm 厚度，透射波上升沿持续时间出现了明显的降低。这是由于随着整形器厚度的增加，入射波强度也逐步减弱，导致加载过程中的平均应变率也随之减小。为此，整形器厚度的选择应综合考虑加载过程中 CSRF 值和入射波强度，对于直径 10mm 整形器，相应的长径比不宜大于 0.2。

5.3　径向惯性效应

由于混凝土类材料的非均质性，试件承受入射杆高速撞击时，在泊松效应和塑性流动的作用下将会产生径向运动,形成较大的围压。在围压的作用下,试件的单轴应力状态无法保持并且动态抗压强度会显著提高,惯性约束效应是造成动态抗压强度明显增强的一个主要原因,对 SHPB 试验结果造成较大的影响。

Forrestal 等[27-28]认为径向惯性效应是由轴向应变加速度通过泊松效应产生的,并推导出 SHPB 试验中可压缩试件在弹性阶段的径向应力分布,如下式所示:

$$\sigma_{rs} = \frac{v(3-2v)}{8(1-v)}(a^2 - r^2)\rho\frac{d^2\varepsilon_z}{dt^2} \tag{5-4}$$

式中,σ_{rs}表示试件的径向应力;v 表示试件的泊松比;a 表示试件的半径;r 表示试件上质点距离中心位置;ρ 表示试件的密度;ε_z表示试件产生的轴向应变;t 表示时间。

当可压缩试样泊松比 $v = 0.5$ 时,式(5-4)退化为不可压试件的径向应力分布:

$$\sigma_{rs} = \frac{\rho}{4}\left(a^2 - r^2\right)\frac{d^2\varepsilon_z}{dt^2} \tag{5-5}$$

当考虑材料的塑性变形后,Forrestal 等[28]针对可压试件建立的径向应力分布如式(5-6)所示:

$$\sigma_{rs} = \frac{\rho}{4(1-\varepsilon_z)^2}\left[\frac{3\left(\frac{d\varepsilon_z}{dt}\right)^2}{2(1-\varepsilon_z)} + \frac{d^2\varepsilon_z}{dt^2}\right]\left(a^2 - r^2\right) \tag{5-6}$$

张书等[29]为验证 Forrestal 等[27-28]建立的径向惯性效应理论模型对混凝土材料的适用性,在数值模拟中对试件分别采用线弹性模型及 D-P 模型,而其余参量保持不变。将数值模拟获得的应变等参数经处理后代入式(5-4)和式(5-5),然后比较由公式计算出的结果与从数值模拟中获得的径向应力分布结果,结果表明基于 D-P 模型模拟得到的径向应力远大于由式(5-6)获得的计算结果,因此,Forrestal 等[27-28]提出的径向惯性效应计算模型不适用于混凝土试件。

5.3.1 径向惯性效应评价指标

5.3.1.1 应力平衡因子

试件在达到极限应力而破坏之前必须保证其两端的应力均匀性,是 SHPB 试验与数值分析结果成立的前提,相应的表达式如式(5-3)所示。

5.3.1.2 应力状态判定系数

为进一步判定试件加载过程中的应力状态,采用试件主方向应力与侧向应力的比值(R_σ)和主方向应变与侧向应变(R_ε)作为双重应力状态判定系数,相应的表达式为:

$$R_\sigma = \frac{\overline{\sigma}_z}{\overline{\sigma}_{xy}} \tag{5-7}$$

$$R_\varepsilon = \frac{\overline{\varepsilon}_z}{\overline{\varepsilon}_{xy}} \tag{5-8}$$

式中,$\overline{\sigma}_z$ 表示试件各单元沿 z 轴(主轴)方向的平均应力;$\overline{\sigma}_{xy}$表示试件各单元沿 x 轴方

向和 y 轴方向的平均应力；$\bar{\varepsilon}_z$ 表示试件各单元沿 z 轴方向的平均应变；$\bar{\varepsilon}_{xy}$ 表示试件各单元沿 x 轴方向和 y 轴方向的平均应变，其中：

$$\bar{\sigma}_z = \frac{\sum |\sigma_z|}{N} \tag{5-9}$$

$$\bar{\sigma}_{xy} = \frac{\sum |\sigma_x| + \sum |\sigma_y|}{2N} \tag{5-10}$$

$$\bar{\varepsilon}_z = \frac{\sum |\varepsilon_z|}{N} \tag{5-11}$$

$$\bar{\varepsilon}_{xy} = \frac{\sum |\varepsilon_x| + \sum |\varepsilon_y|}{2N} \tag{5-12}$$

式中，σ_x、σ_y、σ_z、ε_x、ε_y、ε_z 分别表示沿 x 轴、y 轴和 z 轴方向的主应力和主应变；N 表示选取的单元数量。考虑到一维应力状态时试件应力-应变需满足以下条件：

$$\begin{cases} \varepsilon_z = \dfrac{1}{E}\sigma_z \\ \varepsilon_x = \varepsilon_y = -\dfrac{v}{E}\sigma_z \end{cases} \tag{5-13}$$

式中，E 表示弹性模量；v 表示泊松比。当 UHPC 泊松比按 0.2 取值时[30]，根据式(5-8)、式(5-11)～式(5-13)可知满足一维应力状态的应力状态判定系数 R_ε 取值约为 5；而对于应力状态判定系数 R_σ，根据文献[31]建议，认为主轴应力与非主轴应力比大于 10 时能近似满足一维应力状态，为此本书中 R_σ 按大于 10 取值。

5.3.1.3 动态增大系数

考虑到径向惯性效应将导致试件动态应力的提高，为此引入试件动态增大系数(Dynamic Increase Factor，DIF)评估其影响。

基于上述数值分析模型，本节选取试件的尺寸、整形器和应变率等关键参数，对 UHPC 试件在 SHPB 试验中应力均匀性和单轴应力传播进行分析，探讨上述参数对径向惯性效应的影响。分析时 SHPB 装置、试件尺寸和 UHPC 单轴抗压强度与第 4.5.1 节中取值一致。分析试件直径和长径比时，波形整形器参照第 5.2 节的分析结果，选用直径 8mm、厚度 2mm 的铝质波形整形器。

5.3.2 试件尺寸对径向惯性效应影响

5.3.2.1 试件直径

为探讨试件直径对试验结果的影响，分别选取试件直径 d_S 和杆件直径 D_B 比值为 0.8、0.85、0.9、0.95、1.0 和 1.05 六种情况下的透射波波形、应力平衡因子、DIF 和应力状态判定系数进行分析。为剔除应变率的影响，分析时通过改变撞击杆速度将应变率控制在 $90s^{-1}$ 左右，相应的撞击杆速度分别为 9m/s、9.2m/s、10m/s、10.1m/s、10.5m/s 和 11.1m/s；分析时试件的长径比参考文献[30]按 0.4 取值。图 5-7 为对应的分析结果。

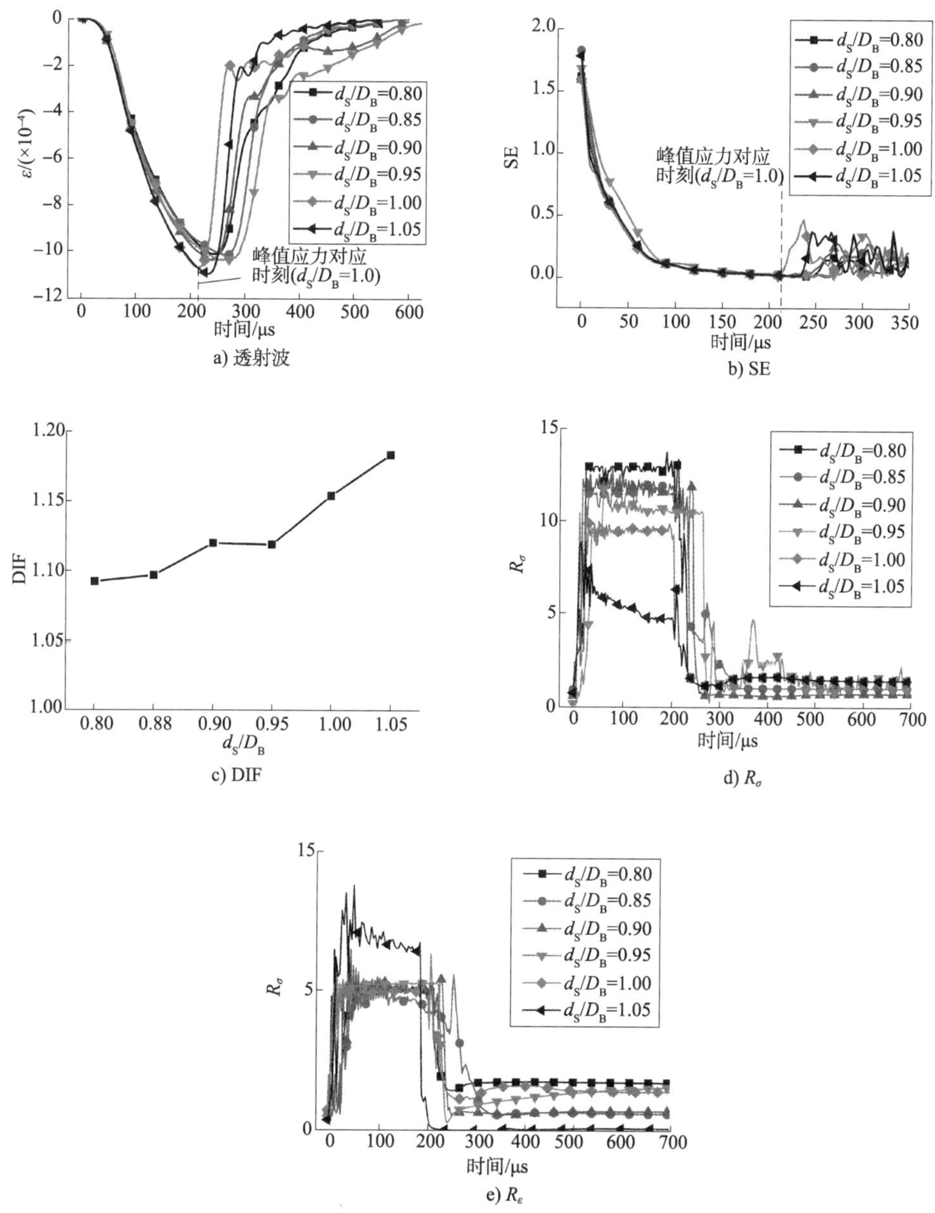

图 5-7　试件直径对径向惯性效应影响对比

从图 5-6a) 和 b) 可以看出，在加载应变率基本保持不变的情况下，随着试件与杆件直径比的增加，在透射波达到峰值之前，应力平衡因子 SE 均能持续趋近于零，试件破坏前能较好地实现应力平衡。

从图 5-6c) ~ e) 中可以看出，当 d_S/D_B 小于 1.0 时，R_σ 均大于 10，且 DIF 值变化不大，R_ε 经过短时间振荡后趋近于 5 并在试件破坏之后发生偏离，表明此时试件在破坏前达到了一维应力状态；当 d_S/D_B 达到 1.0 时，R_σ 明显小于 10，而 R_ε 在试件破坏前明显大于 5，且 DIF 值相对于 d_S/D_B 为 0.95 的试件显著提高，试件不再保持一维应力状态。在试件保持恒应变率加载和应力平衡的前提下，小直径的试件较大直径试件能更好地维持一维应力状态，受惯性效应影响更小，建议件 d_S/D_B 不大于 0.95。考虑到小直径试件的波阻抗相差较大且制作相对困难，建议试件 d_S/D_B 不宜低于 0.9。

5.3.2.2 试件长径比

为探讨试件长径比对试验结果的影响，分别选取试件长度 L 和直径 d_S 比值为 0.3、0.35、0.4、0.45、0.5 和 0.55 六种情况下的透射波波形、应力平衡因子、DIF 和应力状态系数进行分析，如图 5-8 所示。分析时试件直径按杆件直径的 0.95 倍取值，撞击杆速度为 10m/s。

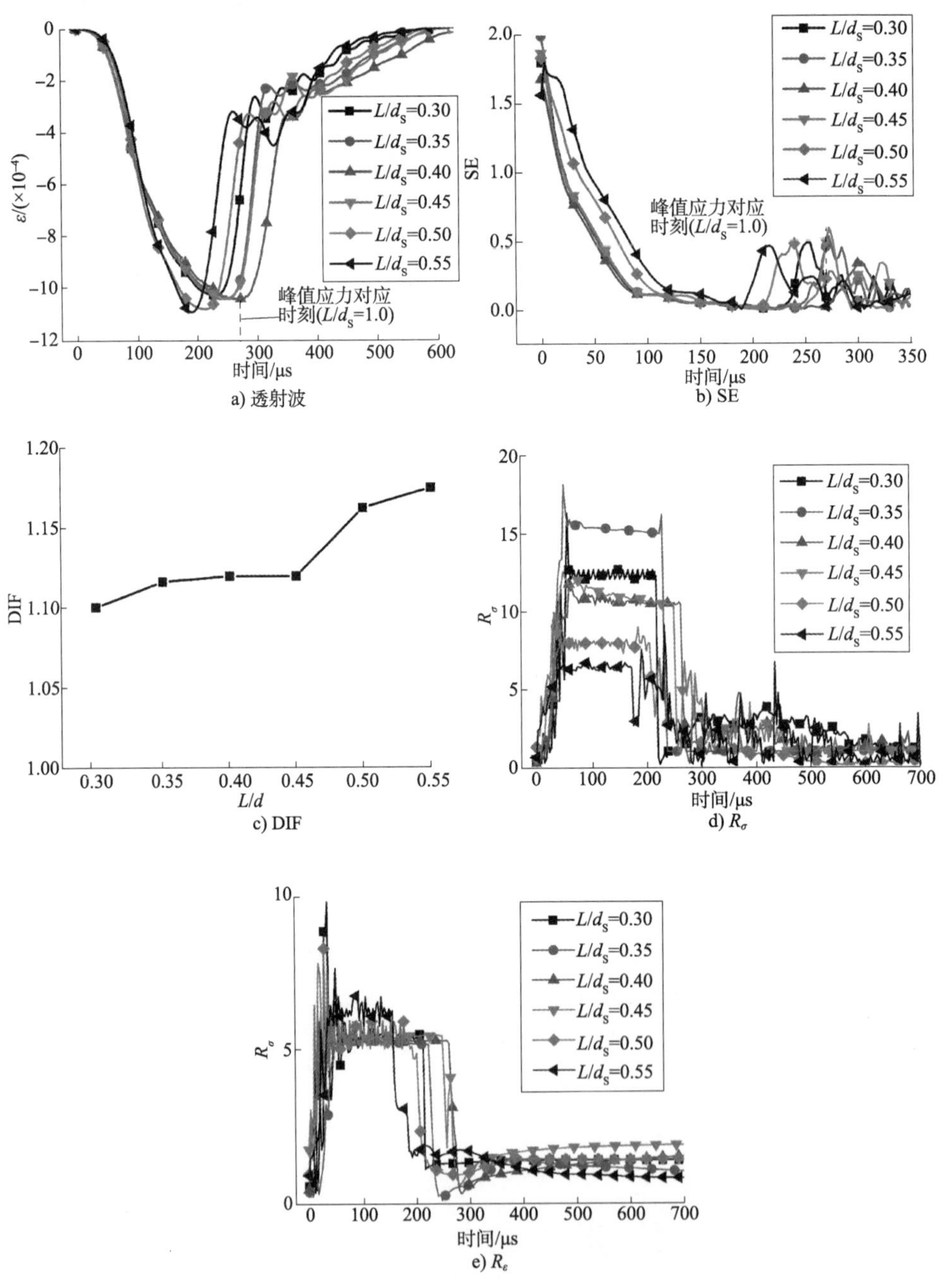

图 5-8 试件长径比对惯性效应影响对比

从图 5-7a)和 b)可以看出,不同长径比试件的透射波在达到峰值之前,应力平衡因子 SE 均具有明显趋近于零的平台,表明在试件直径与杆件直径匹配的情况下,试件长径比对试件加载过程中的应力平衡影响较小,但是随着试件长径比的减小,透射波的上升段持续时间逐渐减少,试件破坏的时间不断提前。考虑到试件长径比过小不仅难于制作,而且 UHPC 材料中钢纤维均匀性难以控制,建议试件长径比不宜低于 0.35。

从图 5-7c)、d)和 e)可以看出,当试件长径比小于 0.5 时,应力状态判定系数 R_σ 和 R_ε 虽然在前期存在一定的震荡,但在破坏前均能满足一维应力传播判定准则,且 DIF 值相对平稳;当长径比达到 0.5 后,R_σ 值明显小于 10,R_ε 值在破坏前一直保持震荡,DIF 值相对于长径比为 0.45 的试件显著提高,试件在破坏前应力传播难以满足一维应力状态。为确保试验的有效性,建议试件长径比不超过 0.45。

5.3.3　整形器对径向惯性效应影响

已有的研究表明,恒应变率加载是减小 SHPB 冲击试验中径向惯性效应的有效措施[32],而文献[33]指出,整形器是实现恒应变率加载的有效途径,为此,本节对不同撞击杆速度、无整形器、使用铝质和铜质整形器情况下的透射波波形、应力平衡因子和应力状态系数进行分析,图 5-9 为分析结果。其中,试件直径参考前述分析结果,按杆件直径的 0.95 倍取值(2.41mm),长径比按 0.4 取值。

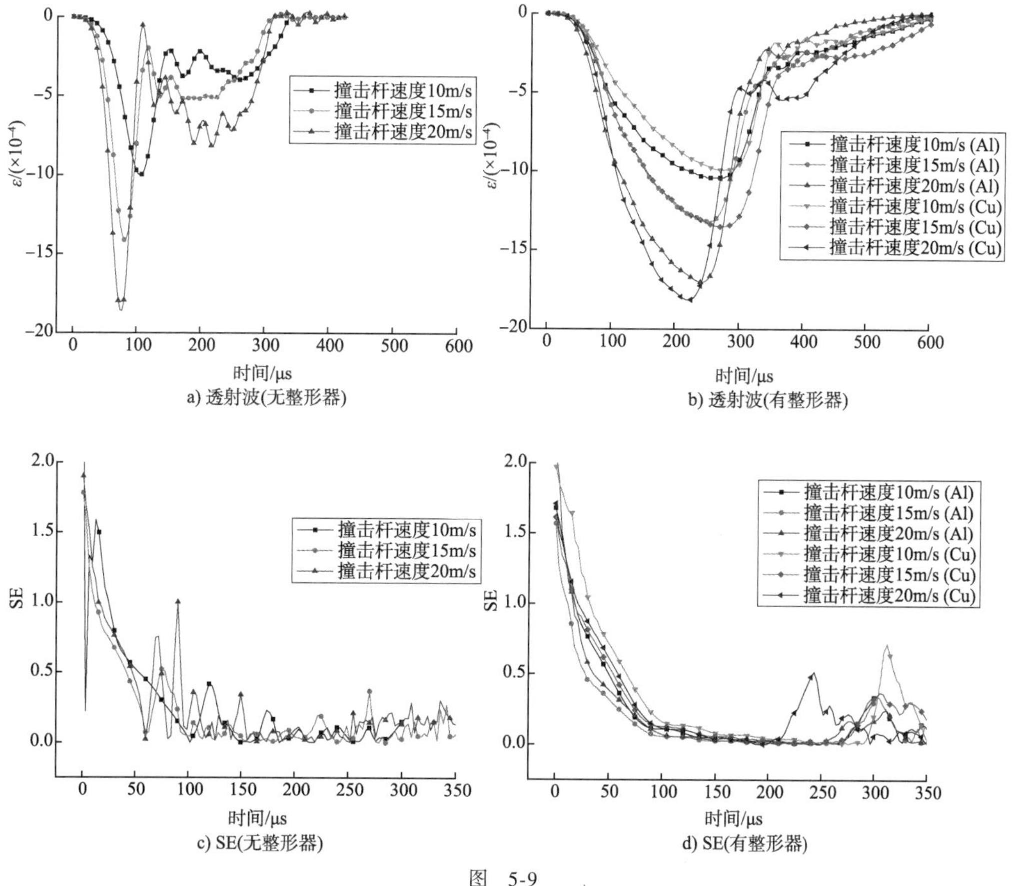

图　5-9

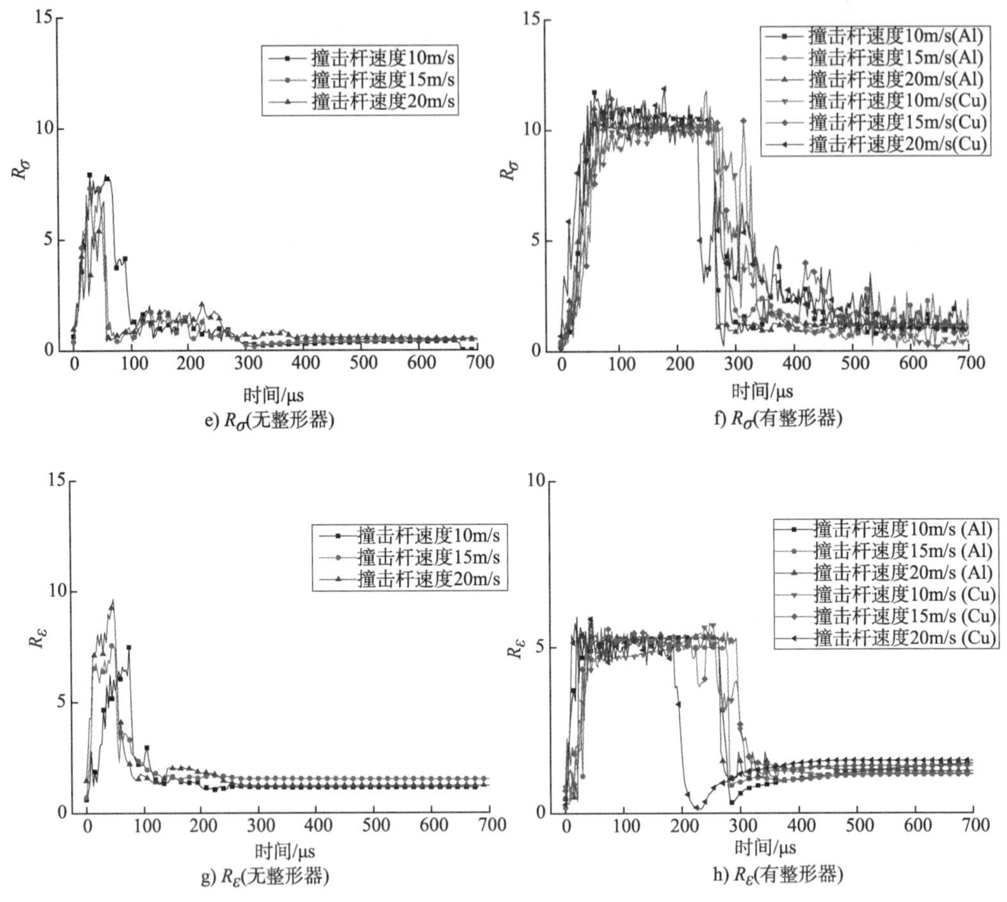

图 5-9　整形器设置对惯性效应影响对比

从图 5-8c)-h)中可以看出,在未使用波形整形器的 UHPC 试件 SHPB 试验中,即使试件直径和长径比满足上述取值范围,在不同的撞击杆速度下,试件在破坏前均难以实现应力平衡和一维应力传播;而在使用铝质和铜质整形器后,在不同的撞击杆速度下,试件在达到破坏时刻前,应力平衡因子 SE 均具有明显趋近于零的平台,且应力状态判定系数 R_σ 和 R_ε 均能满足一维应力传播判定准则,表明使用波形整形器实现恒应变率加载是 UHPC 材料应用 SHPB 开展冲击试验时减轻径向惯性效应的重要前提。

5.3.4　应变率对径向惯性效应影响

考虑到普通混凝土试件在 SHPB 试验中的惯性效应对应变率存在一定的敏感性[34],本节通过不同的撞击杆速度分析应变率对 UHPC 试件径向惯性效应的影响。试件长径比取 0.4,试件直径分别考虑 0.9 倍及 0.95 倍杆件直径,对不同撞击杆速度、有/无整形器情况下的 CSRF 值、透射波波形、应力平衡因子和应力状态系数进行分析,结果如图 5-10 所示。

从图 5-9a)～b)可以看出,不同直径的 UHPC 试件 SHPB 加载过程中,虽然恒应变率因子 CSRF 均低于 30% 的临界值,均能实现恒定应变率加载,但是 CSRF 值随应变率提高而显著提高,表明应变率的提高将会加剧波形弥散的影响。

从图 5-9c) ~ f) 中可以看出，在不同的撞击杆速度下，各直径试件达到透射波峰值前应力平衡因子 SE 均具有明显的趋近于零的平台，表明试件在破坏前均能实现应力平衡；试件的动态峰值应力随着应变率的增大而增大，表明 UHPC 具有显著的应变率敏感效应；相对于 $d_S/D_B=0.9$ 的试件，$d_S/D_B=0.95$ 的透射波上升沿时间持续时间更长，更适合于实现应力波的一维传播。对于高应变率，建议试件直径按大的取值。

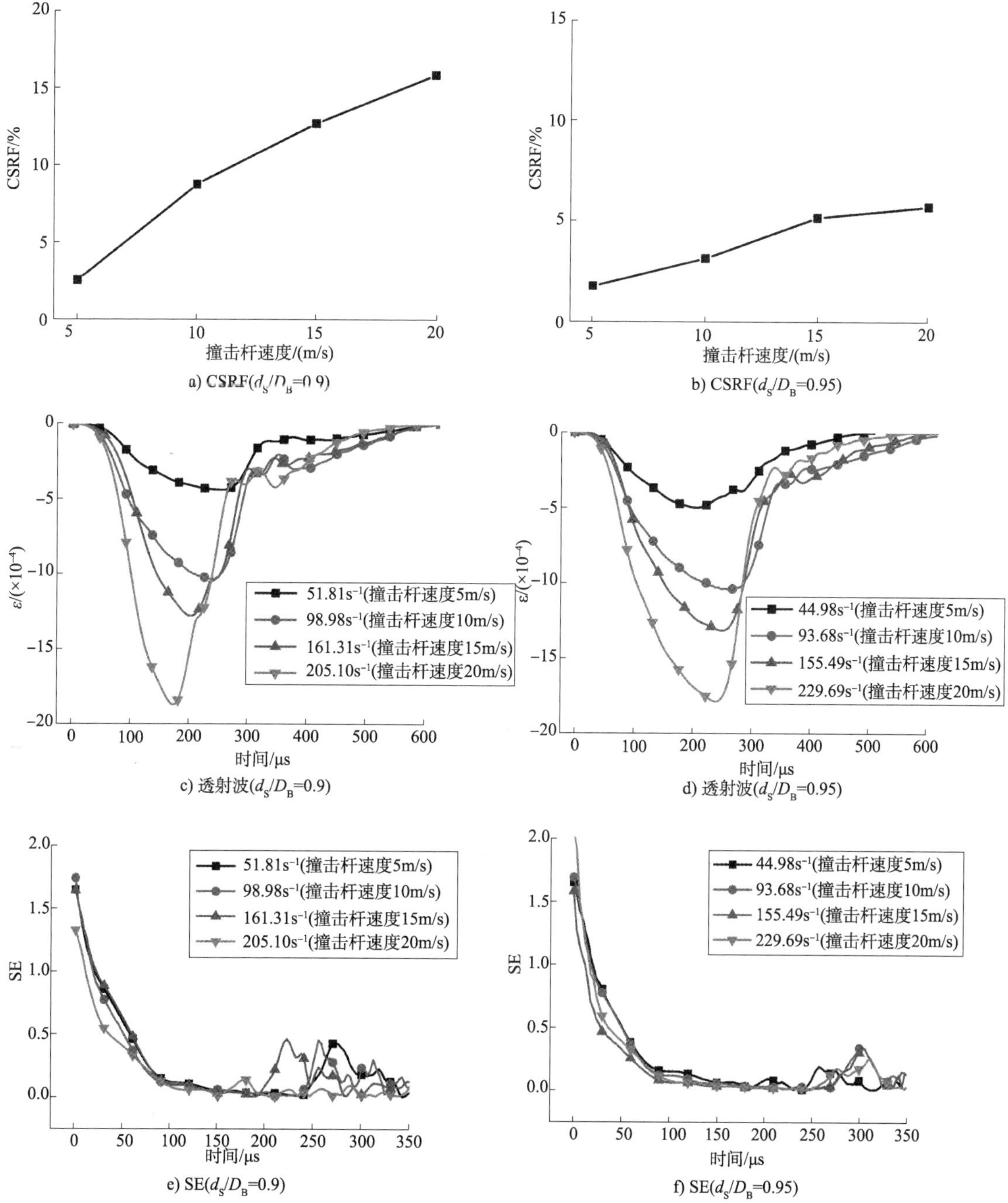

a) CSRF($d_S/D_B=0.9$)　b) CSRF($d_S/D_B=0.95$)

c) 透射波($d_S/D_B=0.9$)　d) 透射波($d_S/D_B=0.95$)

e) SE($d_S/D_B=0.9$)　f) SE($d_S/D_B=0.95$)

图 5-10

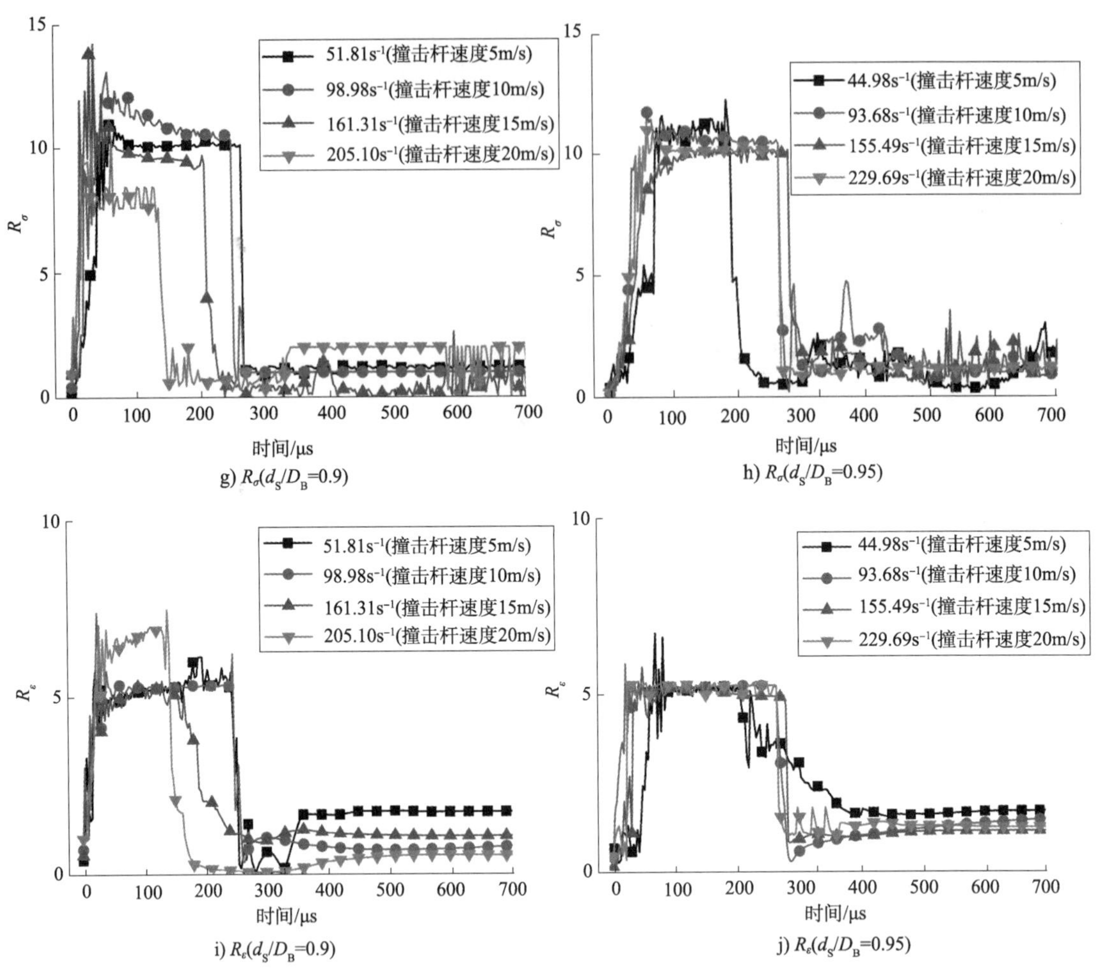

图 5-10 应变率对惯性效应影响对比

从图 5-9g) ~j) 中可以看出，当试件 d_S/D_B 为 0.9 时，随着应变率的增大，R_σ 和 R_ε 逐渐偏离一维应力传播判定准则，表明应变率提高会加剧 SHPB 冲击试验径向惯性效应；当 d_S/D_B 增大到 0.95 时，随着应变率的增大，试件应力状态判定系数 R_σ 和 R_ε 均能满足前述的一维应力传播判定准则，表明高应变率条件下，适当增大试件直径能有效减小径向惯性效应对 UHPC 材料 SHPB 冲击压缩试验的影响。

5.4 研究小结

本章开展了整形器在不同材料、直径和厚度下的参数分析，探讨了其对 SHPB 试验中恒应变率加载和试件应力平衡的影响。在此基础上，开展了不同 UHPC 试件尺寸、有/无整形器及应变率情况下的参数分析，探讨了其对 SHPB 试验中 UHPC 试件径向惯性效应的影响，得到了以下结论：

①整形器是实现恒应变率加载和试件应力平衡的有效途径，相对于铜质整形器，铝质整形器能获得更小的 CSRF 值，能更好实现恒定应变率加载。

②整形器直径增大到一定的程度,入射波将偏离一维应力波传播。从实现恒应变率加载和试件应力平衡出发,建议整形器直径不宜大于杆件直径的 0.4 倍。

③随着整形器厚度的增加,CSRF 值和入射波强度逐渐减小。从平衡加载过程中 CSRF 值和入射波强度出发,建议整形器长径比不宜大于 0.2。

④UHPC 试件直径与杆件直径比过大将导致加载过程中难以实现一维应力传播,而试件直径过小导致波阻抗比相差较大且制作相对困难,建议试件和杆件直径比宜控制在 0.9 ~ 0.95。

⑤UHPC 试件长径比对试件加载过程中的应力平衡影响较小。综合试件制作、钢纤维分布均匀性,建议试件长径比不宜低于 0.35;为满足试件破坏前一维应力传播,建议试件长径比不超过 0.45。

⑥在试件直径和长径比满足合理取值区间的前提下,应用波形整形器实现恒应变率加载,是消除 UHPC 材料在 SHPB 冲击试验中径向惯性效应的重要保障。

⑦应变率提高将加剧 SHPB 试验中 UHPC 试件的径向惯性效应,适当增大试件直径是减小应变率对径向惯性效应的正向影响的有效途径。对于高应变率下 UHPC 试件的 SHPB 冲击试验,建议试件直径按杆件直径的 0.95 倍取值。

本章参考文献

[1] DUFFY J, CAMPBELL J D, HAWLEY R H. On the use of a torsional split Hopkinson bar to study rate effects in 1100-O Aluminum[J]. Transactions of the ASME, Journal of Applied Mechanics, 1971, 38(1): 83-91.

[2] CHRISTENSEN R J, SWANSON S R, BROWN W S. Split-Hopkinson bar tests on rocks under confirming pressure[J]. Experimental Mechanics, 1972, 12(11): 508-513.

[3] ELLWOOD S, GRIFFIHS L J, PARRY D J. Materials testing at high constant strain rates[J]. Journal of Physics E: Science Instrument, 1982, 15(3): 280-282.

[4] PARRY D J, WALKER A G, DIXON P R. Hopkinson bar pulse smoothing[J]. Measurement Science and Technology, 1995, 6(5): 443-446.

[5] LI X B, LOK T S, ZHAO J, et al. Oscillation elimination in the Hopkinson bar apparatus and resultant complete dynamic stress-strain curves for rocks[J]. International Journal of Rock Mechanics and Mining Sciences, 2000, 37(7): 1055-1060.

[6] LI X B, LOK T S, ZHZO J. Dynamic characteristics of granite subjected to intermediate loading rate[J]. Rock Mechanics and Rock Engineering, 2005, 38(1): 21-39.

[7] LOK T S, ASCE M, ZHAO P J. Impact response of steel fiber reinforced concrete using a split Hopkinson pressure bar[J]. Journal of Materials in Civil Engineering, 2004, 16(1): 54-59.

[8] BARANOWSKI P, MALACHOWSKI J, GIELETA R, et al. Numerical study for determination of pulse shaping design variables in SHPB apparatus[J]. Bulletin of the Polish

Academy of Sciences Technical Sciences, 2013, 61(2): 459-466.

[9] NAGHDABADI R, ASHRAFI M J, ARGHAVANI J. Experimental and numerical investigation of pulse shaped split Hopkinson pressure bar test[J]. Material Science and Engineering: A, 2012, 539(3): 285-293.

[10] NEMAT-NASSER S, ISACS J B, STARRET J E. Hopkinson techniques for dynamic recovery experiments[J]. Proceedings of the Royal Society of London Series A: Mathematical Physical and Engineering Sciences, 1991, 435(11): 371-391.

[11] FREW D J, FORRESTAL M, CHEN W. Pulse shaping techniques for testing brittle materials with a split Hopkinson pressure bar[J]. Experimental Mechanics, 2002, 42(1): 93-106.

[12] FREW D J, FORRESTAL M, CHEN W. Pulse shaping techniques for testing elastic-plastic materials with a split Hopkinson pressure bar[J]. Experimental Mechanics, 2005, 45(2): 186-195.

[13] RAMIREZ H, GONZALEZ R C. Finite-element simulation of wave propagation and dispersion in Hopkinson bar test[J]. Materials and Design, 2006, 27(1): 36-44.

[14] 李夕兵, 周子龙, 王卫华. 运用有限元和神经网络为 SHPB 装置构造理想冲头[J]. 岩石力学与工程学报, 2005, 24(23): 4215-4218.

[15] FRANZ C E, FOLLANSBEE P S, WRIGHT J. New experimental techniques with the split Hopkinson pressure bar[C]//BERMAN L, SCHROEDER J W. 8th International Conference on High Energy Rate Fabrication, Pressure Vessel and Piping Division, ASME. San Antonio, TX, 1984.

[16] FOLLANSBEE P S. Mechanical testing and evaluations[M]. Materials Park, OH: ASM, 1985.

[17] WOO S C, KIM J T, CHO C H. et al. The dynamic compressive behavior of armor structural materials in split Hopkinson pressure bar test[J]. The Journal of Strain Analysis for Engineering Design, 2013, 48(7): 420-4369.

[18] 陶俊林, 田常津, 陈裕泽, 等. SHPB 系统试件恒应变率加载实验方法研究[J]. 爆炸与冲击, 2004, 24(5): 413-418.

[19] VECCHIO K S, JIANG F. Improved pulse shaping to achieve constant strain rate and stress equilibrium in split Hopkinson pressure bar testing[J]. Metallurgical and Materials Transactions, 2007, 38(11): 2655-2665.

[20] LEE O S, JIN S P. Dynamic deformation behavior of bovine femur using SHPB[J]. Journal of Mechanical Science and Technology, 2011, 25(9): 2211-2215.

[21] LI W M, XU J Y. Impact characterization of basalt fiber reinforced geopolymeric concrete using a 100-mm-diameter split Hopkinson pressure bar[J]. Materials Science and Engineering, 2009, 513(7): 145-153.

[22] 汪洋, 李玉龙, 刘传雄. 利用 SHPB 测定高应变率下冰的动态力学行为[J]. 爆炸与冲击, 2011, 31(2): 215-21.

[23] CHEN W, LUO H. Dynamic compressive responses of intact and damaged ceramics from a single split Hopkinson pressure bar experiment[J]. Experimental Mechanics, 2004, 44(3): 295-299.
[24] 陶俊林. SHPB 实验中几个问题的讨论[J]. 西南科技大学学报, 2009, 24(3): 27-35.
[25] 宋力, 胡时胜. SHPB 测试中的均匀性问题及恒应变率[J]. 爆炸与冲击, 2005, 25(3): 207-216.
[26] HASSAN M, WILLE K. Experimental impact analysis on ultra-high performance concrete (UHPC) for achieving stress equilibrium (SE) and constant strain rate (CSR) in split Hopkinson pressure bar (SHPB) using pulse shaping technique[J]. Construction and Building Materials, 2017, 144: 747-757.
[27] FORRESTAL M J, WRIGHT T W, CHEN W. The effect of radial inertia on brittle sample during the split Hopkinson pressure bar test[J]. International Journal of Impact Engineering, 2007, 34(3): 405-411.
[28] WARREN T L, FORRESTAL M J. Comments on the effect of radial inertia in the Kolsky bar test for an incompressible material[J]. Experimental Mechanics, 2010, 50: 1253-1255.
[29] 张书, 卢玉斌. 混凝土 SHPB 实验中惯性效应的机理及其影响因素研究[J]. 兵工学报, 2014, 35(S2): 281-287.
[30] HASSAN M, WILLE K. Experimental impact analysis on ultra-high performance concrete (UHPC) for achieving stress equilibrium (SE) and constant strain rate (CSR) in split Hopkinson pressure bar (SHPB) using pulse shaping technique[J]. Construction and Building Materials, 2017, 144: 747-757.
[31] 王勇. 混凝土类材料在霍普金森杆实验中的受力状态研究[D]. 北京: 北京理工大学, 2015.
[32] 陶俊林, 陈裕泽, 田常津, 等. SHPB 系统圆柱形试件惯性效应分析[J]. 固体力学学报, 2005, 26(1): 107-110.
[33] XU M, WILLE K. Numerical investigation of the effects of pulse shaper, lateral inertia, and friction on the calculated strain-rate sensitivity of UHPFRC using a split Hopkinson pressure bar[J]. Journal of Materials in Civil Engineering, 2016, 28(11): 04016114.
[34] AL-SALLOUM Y, ALMUSALLAM T, IBRAHIM S M, et al. Rate dependent behavior and modeling of concrete based on SHPB experiments[J]. Cement and Concrete Composites, 2015, 55: 34-44.

第 6 章

典型损伤模型下超高性能混凝土冲击性能对比

6.1 引　　言

在数值研究中,混凝土结构数值模拟的可靠性与混凝土材料模型处理冲击荷载作用下复杂应力行为的能力密切相关。LS-DYNA 软件[1]是目前最流行的冲击模拟有限元程序之一,主要用于处理三维非线性结构在高速碰撞、爆炸冲击下的大变形动力响应,并为用户提供了十余种混凝土本构模型,其中* MAT_72R3(KCC)、* MAT_111(HJC)、* MAT_159(CSC)因能较好地反映混凝土材料在冲击荷载下的应变率效应、软化、失效、损伤演化等动态性能,而被广泛应用于模拟混凝土材料的冲击性能[2-7]。

针对普通混凝土材料,已有学者基于 KCC、HJC、CSC 模型对混凝土试件进行 SHPB 试验的数值对比研究[2],得到不同应变率下混凝土试件的动态应力-应变曲线,结果表明在相同应变率下,HJC 模型和 KCC 模型的 DIF 值均大于 CSC 模型。通过对钢筋混凝土梁在爆炸荷载作用下的动力响应数值模拟,结合 KCC 和 HJC 模型物态方程参数和强度模型参数分析,进一步表明在爆炸荷载作用下应用 KCC 模型分析混凝土力学性能的准确性显著优于 HJC 模型[3]。已有的研究也表明,KCC 模型相对于 HJC 模型能更有效地模拟混凝土板在射弹侵彻试验中的剥落和散裂现象,是预测弹丸穿透混凝土靶体动态响应的有效方法[4-5],而在 KCC、HJC、CSC 三种模型中,KCC 模型对网格尺寸的敏感性相对最差[6]。对于 UHPC 材料在三种模型下的冲击性能对比,Guo 等[7]通过比较 KCC 和 CSC 模型模拟 UHPC 梁的落锤试验动力响应,指出 KCC 模型的适用性相对较差,CSC 模型具备更好的模拟效果,在此基础上进一步对 CSC 模型进行了参数标定并通过试验进行了验证。但对于三种损伤模型的冲击压缩性能模拟效果对比鲜有相关文献涉及。

虽然目前应用上述三种损伤模型已实现了对 UHPC 动力冲击特性的数值研究,但考虑到三种损伤模型反映材料复杂应力行为的差异性,导致模拟效果不尽相同,而目前鲜有针对 UHPC 材料在不同损伤模型下的动态力学行为对比的研究。针对以上问题,本章在实现恒应变率加载、试件应力平衡和降低径向惯性效应(第 5 章)的基础上,建立了文献[8-10]中超高性能混凝土 SHPB 试验的冲击压缩数值模型,开展了不同损伤模型下 UHPC 试件波形、动态应力-应变曲线、弹性模量和 DIF 值模拟结果与实测结果对比,探讨了不同损伤模型下超高性能混凝土的耗能能力和 SHPB 试验试件动态破坏进程。

6.2　不同应变率下超高性能混凝土冲击压缩试验与数值模型

6.2.1　不同应变率下 UHPC 冲击压缩试验概述

目前已有不少学者应用 SHPB 技术开展了不同冲击应变率下 UHPC 材料冲击压缩性能试验，评估了 UHPC 材料的动力冲击性能。

文献[8]参照 200MPa 级 UHPC 的材料组分与制备工艺，加工制作用于 SHPB 冲击压缩试验的 UHPC 试件，其中水泥为 P. O 42.5 普通硅酸盐水泥，28d 单轴抗压强度为 56.4MPa；石英砂粒径 0.15 ~ 0.63mm，SiO_2 含量大于 90%；石英粉粒径 45μm；硅灰粒径 0.1 ~ 0.2μm，SiO_2 含量大于 98%；Sika 减水剂，减水率 > 30%，含固量 37.2%；添加超细剪切型高强钢纤维，直径 0.2 ~ 0.22mm，长度 13mm，抗拉强度为 2900MPa。制备 UHPC 试件时，首先将水泥、石英砂、石英粉和硅灰倒入搅拌机中搅拌，然后均匀撒入钢纤维（素 UHPC 省略该步骤）。搅拌均匀后，加入溶有减水剂的一半用水量，搅拌 3min，倒入另一半用水量，再搅拌 3min 至均匀。将拌合物浇筑于直径 56mm 的圆柱体模具中，置于振动台上振动成型。室温养护 24h 后拆模，放入热水养护箱中养护 72h 后取出，室温自然养护 7d 后开始冲击压缩试验。根据 SHPB 冲击试验的要求，将养护成型后的 UHPC 试件切割成直径 56mm、高 26mm 的圆柱体样品，并将样品上、下两端面磨平，以保证冲击试件与压缩杆两端面平滑接触。冲击压缩试验是由北京理工大学爆炸科学与技术国家重点实验室的变截面 SHPB 装置（图 6-1）进行的，UHPC 试件在撞击杆撞击后的应变率为 $60s^{-1}$。

图 6-1　文献[8]试验装置

文献[9]中的 UHPC 试件白水泥用量为 $813kg/m^3$，水灰比为 0.22；白色硅灰和硅粉各占水泥质量的 25%；表观密度为 $2.65kg/m^3$，细度模量为 1.77，最大尺寸为 0.8mm 的细砂，不使用粗集料以改善试件的均匀性。制备 UHPC 试件时，将干粉在桨式搅拌机中混合 5 ~ 7min。在 1min 内加入一份含有三分之一的高效减水剂的水，混合几分钟后，在 45s 内添加其余的高效减水剂，然后加入细砂，继续搅拌混合物。此后，使用振动台将混合物浇筑到长圆柱体管，使用热养护罐在 90℃ 下将试件养护 48h。最后，将长 UHPC 试件切成短试件，使用自动研磨机对试件进行研磨，以获得平滑表面，实现杆件与试件之间的平滑接触。采用数字图像联系（Digital Image Correlation，DIC）方法跟踪高速摄影每帧之间试件上随机斑点的运动，并在变形或移动试件的照片中精确、定量、完整地测量位移场。冲击压缩试验的

UHPC 试件在撞击杆撞击后的应变率为 92.03s^{-1}。试验装置见图 6-2。

文献[10]中的 UHPC 试件采用强度等级为 42.5 的普通硅酸盐水泥，直径为 0.18 ~ 0.6mm的 SiO_2 含量大于 99.6% 的细石英砂，直径在 0.1 ~ 0.2μm 且 SiO_2 含量为 95% 的硅粉；直径 0.22mm、平均长度 13mm 的黄铜涂层钢纤维，钢纤维弹性模量和抗拉强度分别为 200GPa 和 2250MPa；平均直径 45μm、长度 18 ~ 20mm 的 PP 纤维，弹性模量和抗拉强度分别为 3.85GPa 和 500MPa，纤维密度为 0.91g/cm^2，熔点为 165℃。采用激光粒度分析仪对干法制备的水泥、矿渣、硅灰等原料进行了粒度分析。制备 UHPC 试件时，先将水泥、石英砂、硅粉和矿渣按指定的混合比混合 3min，然后加入水和高效减水剂混合 6min。此外，将纤维(钢纤维或聚丙烯纤维)混合并均匀搅拌(仅用于纤维增强的 UHPC)，然后再混合 6min。最后将混合物倒入边长为 100mm 的立方模具中并振动。将 UHPC 试件首先在环境温度下养护 24h，然后在 90℃的加热蒸汽下再养护 3h。将 12 个直径 36mm、高 36mm 的 UHPC 圆柱试件平均分为三组进行准静态试验，并对 102 个直径 36mm、高 17.5mm 的 UHPC 圆柱试件进行 SHPB 试验。冲击压缩试验在哈尔滨工业大学太空碎片研究中心 SHPB 装置进行，UHPC 试件在撞击杆撞击后的应变率为 166s^{-1}，试验装置如图 6-3 所示。

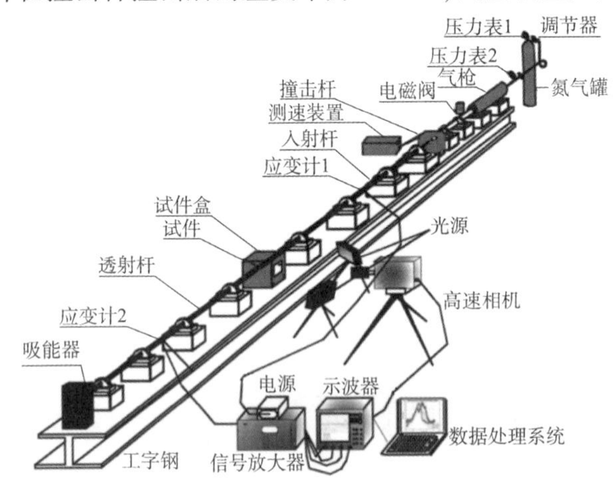

图 6-2 文献[9]试验装置

图 6-3 文献[10]试验装置

6.2.2 不同应变率下 UHPC 冲击压缩数值模型

应用大型有限元程序 LS-DYNA，分别选用文献[8-10]中不同应变率下的 SHPB 试验，建立冲击压缩数值仿真模型。三组文献中整形器均为铜质，相应的材料参数如表 4-9 所示。文献[8]中整形器直径和厚度分别为 20mm 和 2.5mm，UHPC 试件直径和长度分别为 56mm 和 26mm，单轴抗压强度为 165MPa，应变率为 60s^{-1}；文献[9]中整形器直径和厚度分别为 10mm 和 2mm，UHPC 试件直径和长度分别为 23.8mm 和 9.2mm，单轴抗压强度为 200MPa，应变率为 92.03s^{-1}；文献[10]中整形器直径和厚度分别为 6mm 和 1mm，UHPC 试件直径和长度分别为 36mm 和 17.5mm，单轴抗压强度为 125MPa，应变率为 166s^{-1}。

表 6-1 列出了各杆件的特征参数。其中，文献[8]入射杆为直锥变截面杆，全长 3200mm，靠近撞击杆端为长 50mm 的等直径段，直径为 37mm，在一段 400mm 的过渡段内直径由 37mm 渐变为 74mm，然后采用 74mm 的等直径杆；文献[9]和文献[10]分别采用直径

为 25.4mm 和 40mm 的等截面杆。

杆件的特征参数　表 6-1

设　备	长度/mm	直径/mm	密度/(kg/m^3)	弹性模量/MPa	泊　松　比
	文献[8]/文献[9]/文献[10]				
撞击杆	305/305/305	37/25.4/40	9150	2×10^5	0.3
入射杆	3200/3657.6/1800	37 ~74/25.4/40	9150	2×10^5	0.3
透射杆	1800/3657.6/1800	74/25.4/40	9150	2×10^5	0.3

注:37 ~74 表示在直锥变截面入射杆的一段过渡段中直径由 37mm 渐变为 74mm。

建立的 SHPB 数值仿真模型如图 4-9 所示。模型中各构件均采用 solid164 实体单元。为减轻负体积的影响,对杆件与试件、杆件与整形器接触部分的单元进行适当网格细分,具体网格划分如表 6-2 所示。为消除端面摩擦效应的影响,各构件之间端面接触均采用自动面面接触。为准确模拟冲击过程中大变形构件动态弹塑性力学行为,选用 Plastic-Kinematic 模型作为整形器的材料模型,选用前述参数校准后的 KCC、HJC、CSC 模型分别作为 UHPC 试件的动态损伤模型。

模 型 网 格 划 分　表 6-2

项目	径向划分数目	径向单元长度/mm			纵向划分数目	纵向单元长度/mm		
		文献[8]	文献[9]	文献[10]		文献[8]	文献[9]	文献[10]
撞击杆	6	3.08	2.12	3.33	30	10.00	10.00	10.00
撞击杆-波形整形器接触	6	3.08	2.12	3.33	5	1.00	1.00	1.00
波形整形器	16	0.63	0.31	0.19	32	0.08	0.06	0.03
波形整形器-入射杆接触	6	3.08	2.12	3.33	5	1.00	1.00	1.00
入射杆	6	3.08 ~6.17	2.12	3.33	90	35	40	20
入射杆-试件接触	6	6.17	2.12	3.33	30	1.00	1.00	1.00
试件	25	1.12	0.48	1.13	15	1.73	0.61	1.17
试件-透射杆接触	6	6.17	2.12	3.33	30	1.00	1.00	1.00
透射杆	6	6.17	2.12	3.33	90	20.00	40.00	20.00

注:3.08 ~6.17 表示在直锥变截面入射杆的一段过渡段中径向单元长度由 3.08mm 渐变为 6.17mm。

基于上述数值分析方法,分别选用校准后的 KCC 模型、HJC 模型和 CSC 模型,对文献[8-10]中的 SHPB 试验开展数值仿真分析对比。

6.3　冲击动力响应对比

考虑到 SHPB 试验对试件测试的间接性、瞬时性,由设置在杆件上的应变片所记录的应变信号不足以体现UHPC材料的冲击性能,已有学者对混凝土材料的冲击性能开展了以下研究。徐世烺等[11]基于HJC模型建立了UHPC的冲击压缩数值模型,指出随着应变率增加,UHPC材料的动态应力-应变曲线呈现出由应变硬化主导向损伤软化主导的转变趋势,并将其归纳为三种破坏过程:应变硬化主导型破坏过程、应变硬化和损伤软化协同型破坏过程、损伤软化主导型破坏过程。除此之外,徐世烺等[11]还探讨了应变率对破坏过程的影响,将UHPC的破坏过程分为两个阶段,即裂缝扩展阶段和压碎破坏阶段。在裂缝扩展阶段,试件横截面外围首先出现剥落现象并逐渐向核心部位扩展,同时纵向裂缝开始出现并快速扩展,最终出现贯穿试件的纵向裂缝;在压碎破坏阶段,随着应变率增加,试件更趋向于直接碎裂成小块或者完全碎裂。对于UHPC的耗能能力,Ma等[12]分别用入射波、反射波和透射波信号计算冲击过程中的入射能、反射能和透射能,从能量的角度解释了混凝土材料的应变率效应,并拟合了DIF与吸收能的关系。

6.3.1 典型损伤模型波形对比

图6-4给出了在不同损伤模型下实测波形和计算波形的对比。

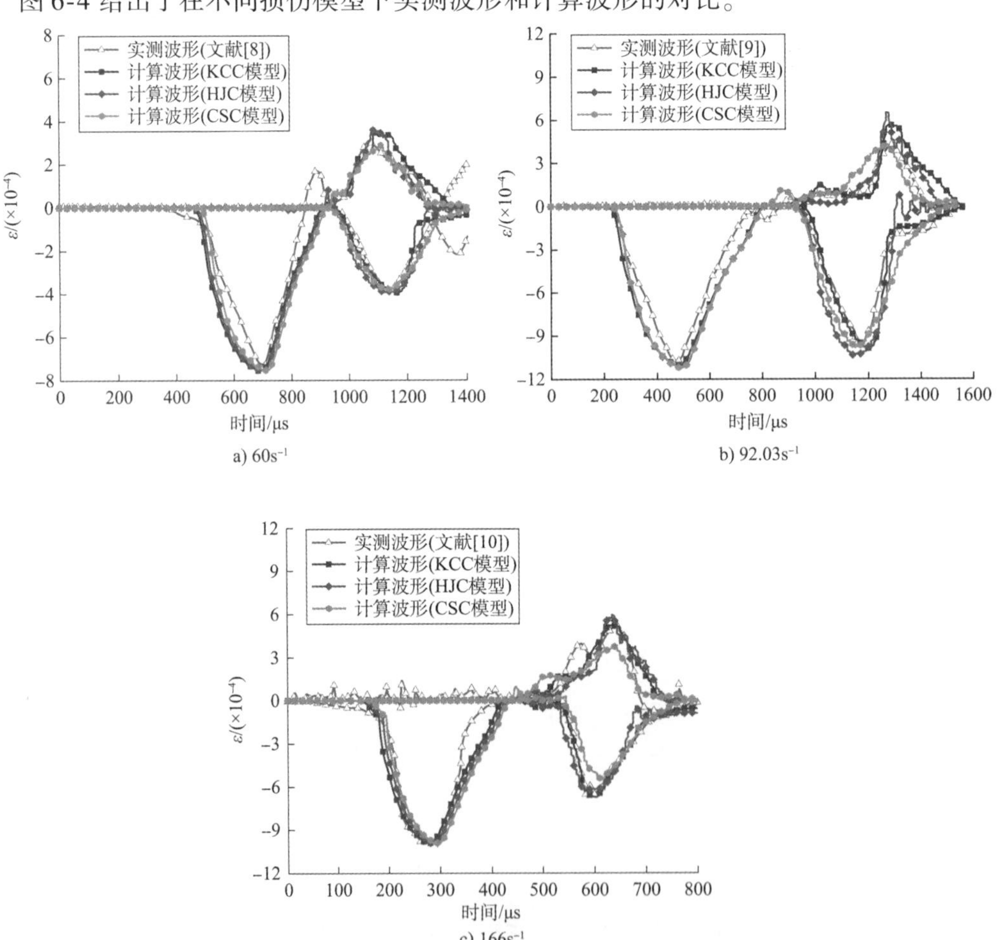

图6-4 实测波形与计算波形对比

从图中可以看出,在低应变率(60s^{-1})时,相对于KCC模型和HJC模型,CSC模型得到的计算波形与实测波形吻合度更高，表明 CSC 模型在低速冲击下具有更好的模拟效果。随着应变率的提高，CSC 模型得到的透射波下降段和反射波上升段相对于实测波形表现出一定偏差，且这种偏差在应变率达到 $166\mathrm{s}^{-1}$ 时显著增大，而 KCC 模型和 HJC 模型在中高应变率下的计算波形与实测波形吻合度较高。这是由于 CSC 模型通过盖帽面的膨胀和收缩来模拟材料的塑性变形，中高应变率下 UHPC 试件产生较大的变形，盖帽面的膨胀和收缩不足，难以描述 UHPC 试件的塑性变形，导致试件部分单元提前出现失效，大大影响了计算结果的准确性，而 KCC 模型和 HJC 模型分别通过剪切破坏面和塑性体积应变的累积来控制材料的损伤行为，能更好地描述 UHPC 材料内部孔隙压实以及纤维的桥接效应。

6.3.2　动态应力-应变曲线对比

利用如式(2-6)和式(2-7)所示的二波法计算 UHPC 试件的应变 $\varepsilon(t)$ 和应力 $\sigma(t)$，得到了不同损伤模型下动态应力-应变曲线对比，如图 6-5 所示。

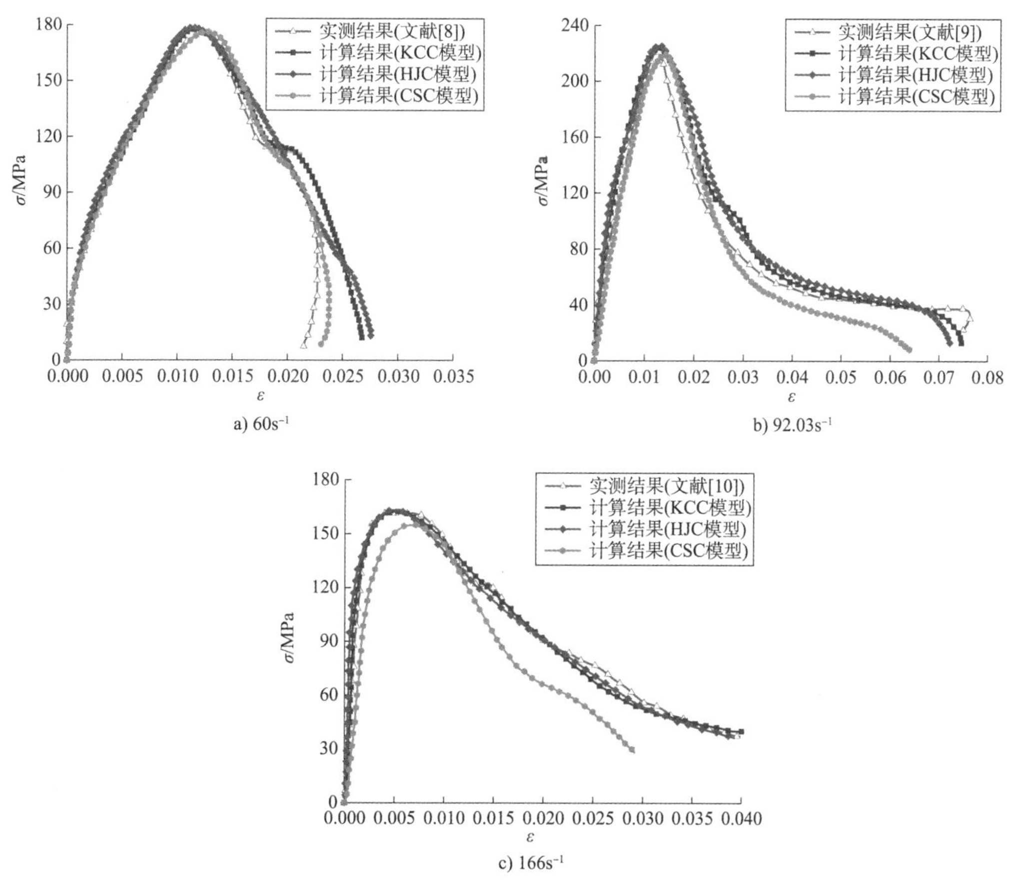

图 6-5　实测结果与计算结果对比

从图中可以看出，在低应变率($60\mathrm{s}^{-1}$)时，由 CSC 模型得到的计算曲线上升段和下降段与实测曲线吻合度优于另外两种模型，表明基于路边钢筋混凝土防护结构与车辆碰撞而开发的 CSC 模型对低速冲击具备更好的适用性。随着应变率提高，HJC 模型和 KCC 模型得到的计算曲线与实测曲线吻合度逐渐提升，而 CSC 模型得到的计算曲线与实测曲线逐渐偏离，且损伤软化段出现快速下降，这是由于中高应变率下 UHPC 试件将产生较大的变形，CSC 模型盖帽面的膨胀和收缩不足，使试件部分单元提前失效。

6.3.3 动态弹性模量曲线对比

为进一步探讨 KCC 模型、HJC 模型和 CSC 模型模拟效果的差异性，图 6-6 给出了 UHPC 动态弹性模量实测值与计算值的对比，其中动态弹性模量定义为图 6-5 中上升段 0.4 倍峰值应力对应的割线弹性模量[13]。

从图 6-6 中可以看出，三种损伤模型模拟的弹性模量排序均为 HJC > KCC > CSC，且在低应变率下 CSC 模型得到的计算值与实测值吻合度更高，但随着应变率提高，KCC 模型相对于 HJC 模型更符合实测结果。这是由于 KCC 模型基于状态方程解耦体积变形响应和剪切响应来描述材料的压缩行为，能更为真实地反映 UHPC 材料的内部损伤，而 HJC 模型中的静水压力-体积应变状态方程由线弹性段、塑性应变阶段和完全压实阶段组成，导致 UHPC 材料内部空隙没有足够的时间实现完全压实，只能通过增强试件动态抗损伤能力（如弹性模量、动态抗压强度）的方式来实现模型内部的平衡。

6.3.4 动力增大系数对比

一般采用动力增大系数（Dynamic Increase Factor，DIF）作为冲击荷载下材料单轴抗压强度增幅的评价指标，该指标为动态抗压强度与单轴抗压强度的比值。

从图 6-7 可以看出，三种损伤模型得到的 DIF 值在低应变率下相差不大，但在中高应变率（$92.03s^{-1}$、$166s^{-1}$）下 CSC 模型得到的 DIF 值明显小于实测值，这是由于中高应变率下 CSC 模型的盖帽面膨胀和收缩不足，难以准确描述 UHPC 试件的塑性变形，导致试件部分单元在达到动态抗压强度时提前出现失效。而其他的 DIF 计算值均比实测 DIF 值略大，这是由于在高应变速率下，SHPB 试验的试件通常处于三轴压缩状态而非理想的单轴压缩状态，短试件不可避免地会出现由泊松效应和塑性流动引起的径向惯性效应，在一定程度上提高 UHPC 试件的动态抗压强度[14]。

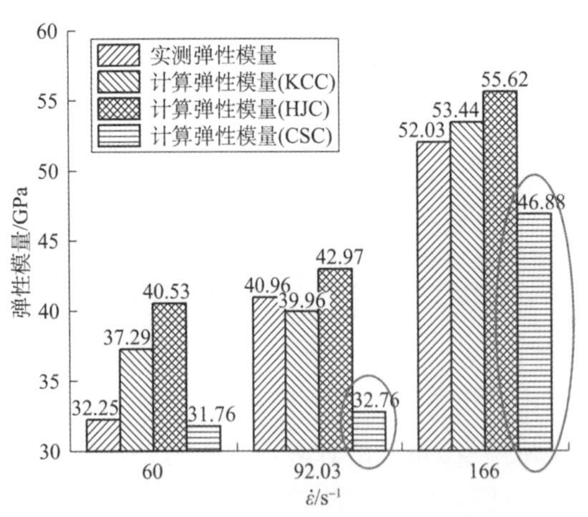

图 6-6 不同应变率下基于不同损伤模型的 UHPC 动态弹性模量

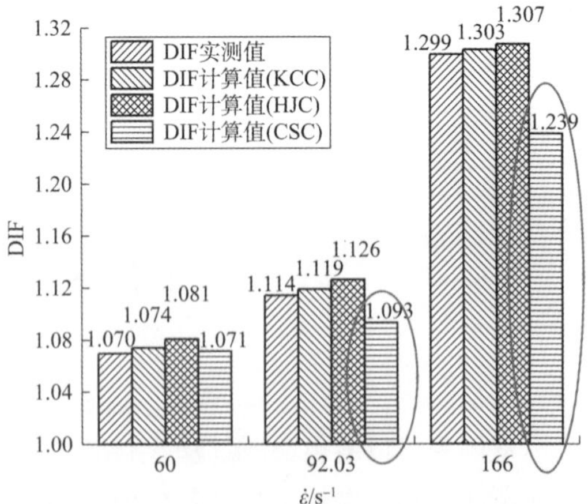

图 6-7 不同应变率下基于不同损伤模型的 UHPC 材料 DIF 值

6.3.5　耗能能力对比

由能量守恒定律可知,耗能能力是反映材料变形、损伤的本质属性,与材料的强度损失直接相关,能较直观地反映 UHPC 材料初始强度的衰减程度。因此,探寻 UHPC 材料在冲击荷载作用下的能量变化规律,可以从本质上揭示 UHPC 材料的应变率效应。不少学者[15-17]将耗能能力(韧性)定义为试件在加载过程中单位体积的能量吸收能力,通常采用动态应力-应变曲线下的面积来计算。鞠杨等[8]进一步细分计算了 UHPC 试件从冲击开始至峰值阶段所消耗的能量 E_{peak}、峰值至残余阶段所消耗的能量 E_{res} 以及从冲击开始至残余阶段消耗的总能量 E_{disp},每部分能量均为从起始时刻到结束时刻动态应力-应变曲线所包围的面积。但由于 SHPB 试验的特殊性,试件的动态应力-应变曲线由式(2-6)和式(2-7)计算,再根据动态应力-应变曲线计算上述耗能能力,需对曲线进行两次积分,过程略微烦琐,因此陈艺顺等[18]和 Zhao 等[19]借助下式计算耗能能力(韧性):

$$\mathrm{SEA}=\frac{A_b E_b C_b}{A_s L_s}\int_0^t \left[\varepsilon_I^2(t)-\varepsilon_R^2(t)-\varepsilon_T^2(t)\right]\mathrm{d}t \tag{6-1}$$

式中,SEA 表示每个单位材料吸收的应力波能量;A_b、E_b 和 C_b 分别表示杆件的截面面积、弹性模量和一维纵向应力波的波速;A_s 和 L_s 分别表示试件的截面面积和长度;$\varepsilon_I(t)$、$\varepsilon_R(t)$ 和 $\varepsilon_T(t)$ 分别表示由应变片测得的杆件上 t 时刻入射波、反射波和透射波信号。

类似地,Song 等[20]和 Ma 等[12]按下式计算试件所受到的入射能 W_I、反射能 W_R 和透射能 W_T:

$$W_I(t)=A_b E_b C_b\int_0^t \varepsilon_I^2(t)\mathrm{d}t \tag{6-2}$$

$$W_R(t)=A_b E_b C_b\int_0^t \varepsilon_R^2(t)\mathrm{d}t \tag{6-3}$$

$$W_T(t)=A_b E_b C_b\int_0^t \varepsilon_T^2(t)\mathrm{d}t \tag{6-4}$$

式中,W_I、W_R 和 W_T 分别表示入射能、反射能和透射能,单位为 J(N · m);A_b、E_b 和 C_b 的单位分别为 m^2、MPa 和 m/s。

由于在试验过程中,试件与杆件的接触端一般会涂抹凡士林等润滑剂,可忽略加载过程中由端面摩擦效应所损耗的能量,材料耗能能力的大小主要体现为吸收能 W_S 的大小。在冲击作用下 UHPC 试件破坏所吸收的能量 W_S 为:

$$W_S(t)=W_I(t)-W_R(t)-W_T(t) \tag{6-5}$$

由式(6-1)和式(6-2)~式(6-5)对比可知,式(6-2)~式(6-5)可以分别从入射能、反射能、透射能和吸收能的角度,更好地反映混凝土材料的应变率效应。为此,基于式(6-2)~式(6-5)对文献[9]中使用铝制整形器的实测波形[图 6-2b)]进行耗能计算。UHPC 试件入射能、反射能、透射能和吸收能的时程曲线如图 6-8 所示。

从图 6-8 可以看出,入射能、反射能、透射能和吸收能均随着荷载加载时间的加长而增大,其中入射能的增长率最大。当应力波加载时间约为 450μs 时,入射能达到峰值并保持不变,反射能、透射能和吸收能分别占入射能的 9%、62% 和 29%,即入射能传递到试件时,9% 的入射能反射回入射杆,62% 的入射能透过试件传递到透射杆,而试件吸收的入射能仅占

29%。但随着加载速率(应变率)的增大,上述四种能量比例将改变,试件吸收更多的入射能,发展更多的微裂缝或破碎成许多碎片,从而反射能和透射能的比例均相应减少。表6-3总结了不同应变率下基于不同损伤模型的UHPC材料的能量值。

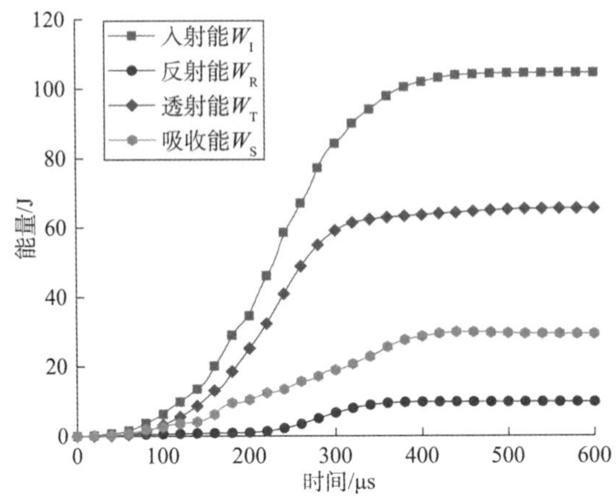

图6-8 UHPC试件入射能、反射能、透射能和吸收能的时程曲线

不同应变率下基于不同损伤模型的UHPC材料的能量值 表6-3

能量	模型	应变率					
		$54.89s^{-1}$	$75.47s^{-1}$	$92.03s^{-1}$	$112.42s^{-1}$	$146.74s^{-1}$	$175.17s^{-1}$
入射能 W_I	KCC	53.28	58.25	104.02	118.59	162.45	205.11
	HJC	53.23	58.29	104.11	118.55	162.48	205.10
	CSC	53.26	58.27	104.00	118.56	162.48	205.14
反射能 W_R	KCC	9.30	9.66	9.77	15.13	26.14	34.63
	HJC	8.62	8.96	8.99	15.05	27.32	36.03
	CSC	9.58	9.90	10.30	15.76	30.94	41.15
透射能 W_T	KCC	34.26	37.04	64.44	65.21	71.16	75.27
	HJC	34.79	37.68	65.23	65.19	69.87	73.78
	CSC	33.75	36.59	63.69	64.62	69.28	73.16
吸收能 W_S	KCC	9.72	11.56	29.81	38.25	65.16	95.22
	HJC	9.82	11.65	29.90	38.31	65.30	95.29
	CSC	9.93	11.78	30.02	38.18	62.26	90.83
W_S/W_I	KCC	18.2%	19.8%	28.7%	32.3%	40.1%	46.4%
	HJC	18.4%	20.0%	28.7%	32.3%	40.2%	46.5%
	CSC	18.6%	20.2%	28.9%	32.2%	38.3%	44.3%

从图6-9可以看出,入射能、反射能、透射能和吸收能均与应变速率正相关。由图6-9a)可知,三种损伤模型在相同的应变率下入射能近乎相等,这是由于入射波的特性取决于整形器的材料模型[21],与试件所用的材料模型无关。由图6-9b)可知,在相同的应变率下,CSC模型模拟的反射能均大于KCC模型和HJC模型;当应变率在54.89~$112.42s^{-1}$时,KCC模

型模拟的反射能大于 HJC 模型；应变率在 112.42 ~ 175.17s^{-1}时，HJC 模型模拟的反射能大于 KCC 模型。由图 6-9c）可知，在相同的应变率下，CSC 模型模拟的透射能均小于 KCC 模型和 HJC 模型；当应变率在 54.89s^{-1} ~ 112.42s^{-1}时，HJC 模型模拟的透射能大于 CSC 模型；当应变率在 112.42s^{-1}附近时，HJC 模型模拟的透射能近似等于 KCC 模型；当应变率在 112.42 ~ 175.17s^{-1}时，HJC 模型模拟的透射能小于 KCC 模型。与第 6.3.4 节得出的结论类似，这是由于 DIF 值中的动态抗压强度和透射能分别由式（2-7）和式（6-4）计算，均与透射波信号 $\varepsilon_T(t)$ 有关。由图 6-9d）可知，当应变率小于 75.47s^{-1}时，吸收能随着应变率缓慢增加，当应变率大于 75.47s^{-1}时，吸收能随着应变率急剧增加，主要体现为试件的动态抗压强度显著增大，因此与 DIF 类似，应变率对吸收能的提高存在一个阈值。当试件吸收能小于阈值时，冲击加载后试件处于弹性状态，且试件基本保持完整；当试件吸收能等于阈值时，冲击加载后试件分裂为两块或产生贯通性裂缝，此时的吸收能为试件单次冲击破坏的最低吸收能；当试件吸收能大于阈值时，冲击加载后试件发展更多的贯通性裂缝，最后分裂成许多碎片。

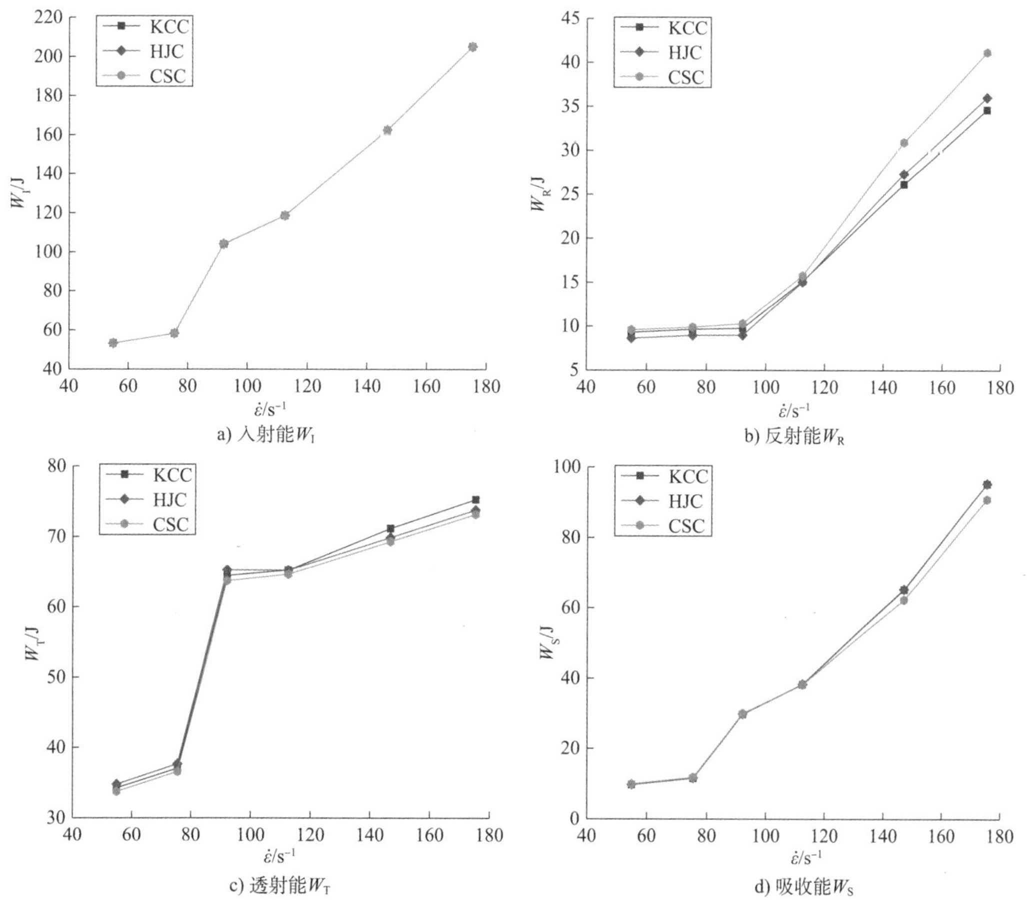

a) 入射能 W_I　b) 反射能 W_R　c) 透射能 W_T　d) 吸收能 W_S

图 6-9　不同应变率下基于不同损伤模型的 UHPC 材料能量演变曲线

为进一步明确吸收能与应变率之间的关系，建立两者的关系可以反映冲击加载时 UHPC 试件的耗能能力变化，运用回归分析，结合表 6-3 可拟合出吸收能 W_S 与应变率 $\dot{\varepsilon}$ 之间的关系式为：

$$W_S = \begin{cases} -13.35 + 13.32\lg\dot{\varepsilon} & (\dot{\varepsilon} \leqslant 75.47s^{-1}) \\ 1011.79 - 1155.14\lg\dot{\varepsilon} + 331.52(\lg\dot{\varepsilon})^2 & (\dot{\varepsilon} > 75.47s^{-1}) \end{cases} \tag{6-6}$$

图 6-10 给出了吸收能 W_S 与应变率 $\dot{\varepsilon}$ 的计算值与拟合曲线之间的对比，两组曲线相关系数达到了 0.9872，吻合程度较好。

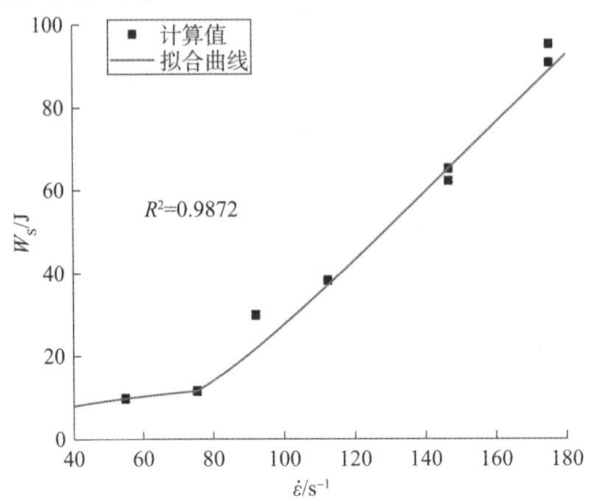

图 6-10　吸收能与应变率的计算值及拟合曲线

6.3.6　动态破坏进程对比

为进一步探讨不同损伤模型下 UHPC 试件在冲击荷载下的动态破坏进程，图 6-11 给出了文献[8-10]在三种损伤模型下 UHPC 试件的动态破坏进程。图中，试件上端为靠近入射杆端，下端为靠近透射杆端。单元失效准则（*MAT_ADD_EROSION）通过定义最大失效主应变 ε_{max} 来控制，即在冲击破坏过程中自动删除 UHPC 试件塑性应变集中区域超过最大失效主应变 ε_{max} 的单元。

从图中可以看出，三种材料损伤模型得到的 UHPC 试件动态破坏进程具有如下共同点：

①在冲击加载初期，冲击破坏首先发生在试件的边缘单元，试件的核心单元基本上未发生失效破坏，这是由于在冲击作用下，试件轴向受到冲击压缩作用，而径向受到环向拉伸作用，从而导致试件发生轴向压缩和径向边缘单元发生拉伸破坏。

②随着冲击荷载的增大，UHPC 试件内部薄弱层逐渐发展出微裂缝，这些微裂缝逐渐聚集、贯通成一条或几条宏观裂缝，最终导致试件破坏。

③UHPC 试件破碎程度随应变率的增加而增大，在低应变率（$60s^{-1}$）时，试件裂而不碎，但随着应变率提高，裂缝开始贯穿整个试件，当应变率为 $166s^{-1}$ 时，试件的破坏形态呈明显的碎块状。

与此同时，三种材料损伤模型得到的 UHPC 试件的动态破坏进程也表现出明显的不同：

①对于 KCC 模型，单元失效由边缘单元发展到核心单元，试件整体出现压缩变形，表现出明显的整体塌陷现象。

②HJC 模型模拟的试件破坏进程与 KCC 模型类似，单元失效均逐渐向内发展，但 HJC 模型的边缘单元破坏程度比 KCC 模型更小，并且核心单元出现向外迸裂，即表现出明显的边缘塌陷现象。

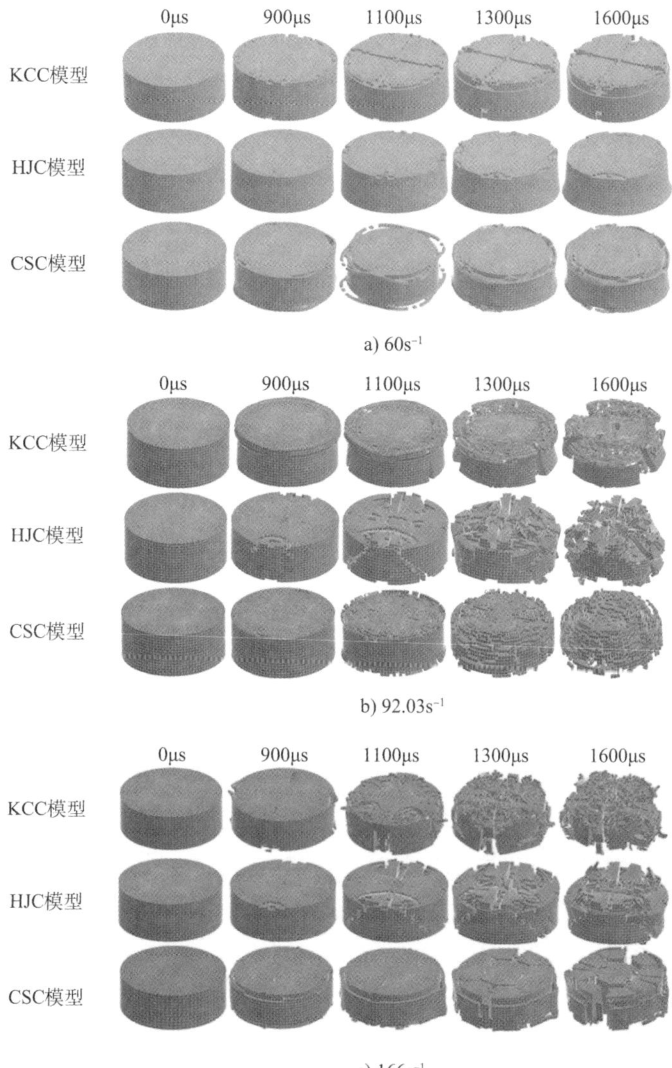

a) 60s⁻¹

b) 92.03s⁻¹

c) 166s⁻¹

图 6-11　不同损伤模型下 UHPC 试件的动态破坏进程

③对于 CSC 模型，单元失效由边缘单元发展到中部单元，但没有进入核心区域，由中部单元沿着核心单元形成一个环状破坏区域，核心单元在中部单元的约束作用下失效破坏较少，表现出明显的核心存留现象。

6.4　研究小结

本章基于第 4 章校准后的 KCC 模型、HJC 模型和 CSC 模型，建立了文献[8-10]中超高性能混凝土 SHPB 试验的冲击压缩数值模型，开展了不同损伤模型下 UHPC 试件波形、动态应力-应变曲线、弹性模量和 DIF 值模拟结果与实测结果对比，探讨了不同损伤模型下超高性能混凝土的耗能能力和 SHPB 试验试件动态破坏进程，得到了以下结论：

①CSC 模型在低速冲击下能更好地模拟 UHPC 材料的实测波形和动态应力-应变曲线，

而 KCC 模型和 HJC 模型在中高应变率下得到的计算波形以及动态应力-应变曲线与实测值吻合度较高。

②在低应变率时,三种损伤模型得到的 DIF 值相差不大,但 CSC 模型得到的弹性模量计算值与实测值吻合度更高;随着应变率提高,CSC 模型得到的弹性模量、DIF 值与实测值逐渐偏离,将在一定程度上低估 UHPC 材料的动力特性。

③应变率对吸收能的提高存在一个阈值,当试件吸收能小于阈值时,冲击加载后试件处于弹性状态,且试件基本保持完整;当试件吸收能等于阈值时,冲击加载后试件分裂为两块或产生贯通性裂缝,此时的吸收能为试件单次冲击破坏的最低吸收能;当试件吸收能大于阈值时,冲击加载后试件发展更多的贯通性裂缝,最后分裂成许多碎片。

④在冲击加载初期,三种材料损伤模型得到的冲击破坏均发生在 UHPC 试件边缘单元,随着冲击荷载的增大,微裂缝逐渐向试件内部发展,且 UHPC 试件破碎程度随应变率的增加而增大。相对于 CSC 模型在冲击破坏时表现出的核心存留现象,KCC 模型和 HJC 模型分别表现出整体塌陷和边缘塌陷现象。

本章参考文献

[1] LSTC. LS-DYNA keyword user's manual[Z]. CA: Livermore Software Technology Corporation, 2014.

[2] 余道兴, 宗周红, 李明鸿, 等. 基于不同材料模型的混凝土 SHPB 试验数值模拟[J].东南大学学报(自然科学版), 2017, 47(1): 124-129.

[3] 谢雷. HJC 和 K &C 混凝土模型在爆炸荷载作用下的对比研究[J]. 延边大学学报(自然科学版), 2020, 46(2): 164-168.

[4] FU Y, PENG Y, YAO Y. Numerical simulation and analysis of penetrating concrete slabs [J]. Advanced Materials Research, 2012, 446-449: 3833-3836.

[5] ZHAO R, YAO Y, DENG Y J. Based on the numerical simulation of random aggregate concrete model of the penetration of the two material models[J]. Applied Mechanics and Materials, 2013, 275-277: 7-10.

[6] KWAK H G, GANG H G. An improved criterion to minimize FE mesh-dependency in concrete structures under high strain rate conditions[J]. International Journal of Impact Engineering, 2015, 86: 84-95.

[7] GUO W, FAN W, SHAO X D, et al. Constitutive model of ultra-high-performance fiber-reinforced concrete for low-velocity impact simulations[J]. Composite Structures, 2018, 185: 307-326.

[8] 鞠杨, 盛国华, 刘红彬, 等. 高应变率下 RPC 动态力学性能的试验研究[J]. 中国科学: 技术科学, 2010(12): 53-67.

[9] HASSAN M, WILLE K. Experimental impact analysis on ultra-high performance concrete (UHPC) for achieving stress equilibrium(SE) and constant strain rate(CSR) in split Hop-

kinson pressure bar(SHPB) using pulse shaping technique[J]. Construction and Building Materials, 2017, 144: 747-757.

[10] HOU X, CAO S, ZHENG W, et al. Experimental study on dynamic compressive properties of fiber-reinforced reactive powder concrete at high strain rates[J]. Engineering Structures, 2018, 169: 119-130.

[11] 徐世烺, 陈超, 李庆华, 等. 超高韧性水泥基复合材料动态压缩力学性能的数值模拟研究[J]. 工程力学, 2019, 36(9): 50-59.

[12] MA H, YUE C, YU H, et al. Experimental study and numerical simulation of impact compression mechanical properties of high strength coral aggregate seawater concrete[J]. International Journal of Impact Engineering, 2020, 137: 103466.

[13] 董海龙, 彭有开, 骆开静, 等. 粗集料取代下的高性能再生混凝土率敏性研究[J]. 实验力学, 2019, 34(2): 70-78.

[14] WU Z, SHI C, HE W, et al. Static and dynamic compressive properties of ultra-high performance concrete(UHPC) with hybrid steel fiber reinforcements[J]. Cement and Concrete Composites, 2017, 79: 148-157.

[15] HAO Y, HAO H. Dynamic compressive behaviour of spiral steel fibre reinforced concrete in split Hopkinson pressure bar tests[J]. Construction and Building Materials, 2013, 48: 521-532.

[16] LI N, LONG G, FU Q, et al. Dynamic mechanical characteristics of filling layer self-compacting concrete under impact loading[J]. Archives of Civil and Mechanical Engineering, 2019, 19(3): 851-861.

[17] CAO S, HOU X, RONG Q, et al. Effect of specimen size on dynamic compressive properties fiber-reinforced reactive powder concrete at high strain rates[J]. Construction and Building Materials, 2018, 194(10): 71-82.

[18] 陈艺顺, 王波, 周健南, 等. 冲击载荷作用下蒸压加气混凝土动态力学性能研究[J]. 振动与冲击, 2019, 38(18): 201-206.

[19] ZHAO X, LI H, WANG C. Quasi-static and dynamic compressive behavior of ultra-high toughness cementitious composites in dry and wet conditions[J]. Construction and Building Materials, 2019, 227(10): 117008.

[20] SONG B, CHEN W. Energy for specimen deformation in a split Hopkinson pressure bar experiment[J]. Experimental Mechanics, 2006, 46(3): 407-410.

[21] NAGHDABADI R, ASHRAFI M J, ARGHAVANI J. Experimental and numerical investigation of pulse-shaped split Hopkinson pressure bar test[J]. Materials Science and Engineering, 2012, 539(30): 285-293.

第 7 章

超高性能混凝土动力增大系数

7.1 引　言

对于普通混凝土材料，动力增大系数的系统性研究最早是由 Bischoff 和 Perry[1]完成的，研究表明混凝土试件的径向惯性约束、单轴抗压强度、集料硬度和大小、尺寸、养护条件、龄期等因素对应变率效应存在不同程度的影响。随后，广大科研工作者借助 Bischoff 和 Perry 的研究成果并结合自身试验结果，对普通混凝土材料的动态冲击压缩性能进行了深入研究。Kwak[2]等指出在高应变率下，SHPB 试验的试件通常处于三轴压缩状态而非理想的单轴压缩状态，短试件不可避免地会出现由泊松效应和塑性流动引起的径向惯性效应，在一定程度上提高混凝土试件的动态抗压强度，这是由于混凝土试件在径向没有充足时间产生足够的内部裂缝，从而在试件中心部位出现一定的约束应力，导致试件中心部位的抗压强度得到一定的提高，表现出明显的应变率效应。此后 Wang[3]等进一步表示当应变率小于 $100s^{-1}$时，径向惯性效应对混凝土试件动态抗压强度仅造成微弱的增幅，从而径向惯性效应可以忽略不计。欧洲混凝土协会(Comité Européen du Béton，CEB)[4-5]采用分段函数针对普通混凝土给出了相应的动力增大系数计算公式，其 1990 年提出的 DIF 计算公式指出试件的单轴抗压强度越大，应变率敏感性越差。Kim 等[6]进一步指出集料硬度较大的混凝土试件的应变率敏感性较低，随着最大集料粒径的增大，试件的 DIF 值表现出先减小后增大的趋势。Wang 等[7]为探讨养护温度对蒸养混凝土动力特性的影响，进行了一系列的 SHPB 试验，结果表明随着养护温度的升高，蒸养混凝土的动态抗压强度明显降低，表现出更差的应变率敏感性。Bas 等[8]基于 SHPB 技术探讨了混凝土材料龄期对应变率的依赖性，研究表明随着混凝土龄期增加，应变率敏感性降低。然而，考虑到养护条件和龄期对混凝土的单轴抗压强度都有着直接的影响，因此养护条件、龄期对单轴抗压强度的相互依赖性常常使应变率效应难以评估。

UHPC 作为一种具有超高强度、超高韧性以及良好耐久性的新型水泥基复合材料，在防撞护栏、机场跑道、核废料储存设施、防爆和防渗透结构等领域中展现出良好的应用前景[9]。为探讨 UHPC 材料的动力增大系数，已有学者基于 SHPB 技术对不同的 UHPC 试件尺寸开展了试验研究。对于直径 23.8mm、高 9.2mm 的 UHPC 试件，Hassan 等[10-11]掺入了体积含量0% ~4% 的钢纤维，在应变率范围 22 ~ $110s^{-1}$内，建立了一个考虑纤维含量的 DIF 通用公式，结果表明 DIF 拟合曲线的斜率随纤维体积含量的增加而增大，并且指出不同种类纤维的应变率敏感性由强到弱排序为：聚乙烯醇纤维、玄武岩纤维、钢纤维；Tai[12]进一步确定了高应变率下试件破坏所需的能量与钢纤维含量的直接关系。对于直径 30mm、高 10mm 的 UH-

PC 试件,黄政宇等[13]得到了不同应变率下试件的动态抗压强度、动态峰值应变及应力-应变曲线,同时指出随应变率的增加,掺入钢纤维的 UHPC 动态抗压强度增加的幅度没有素 UHPC 明显。对于直径 50mm、高 25mm 的 UHPC 试件,Wang 等[14-15]结合静态围压试验,借助数值方法来模拟径向惯性效应的影响,确定了由径向惯性效应引起的 UHPC 单轴抗压强度增幅,最后得到了 UHPC 材料的真实应变率。对于直径 70mm、高 35mm 的 UHPC 试件,Sun 研究团队[16-19]指出由于高强集料、钢纤维的叠加效应,UHPC 的单轴抗压强度和韧性均得到了显著提高,并且峰值应力、峰值应变、弹性模量以及应力-应变曲线下的面积随应变率的增大而增加。Jiang 等[20]研究了在 UHPC 中使用风积砂替代部分或全部天然河砂的可行性,但含风积砂或天然河砂的 UHPC 之间的 DIF 值差异性不明显。对于直径 75mm、高 37.5mm 的 UHPC 试件,仵鹏涛等[21]评估了试件内部纳米材料种类及含量对 UHPC 材料动态力学特性的影响,研究表明纳米材料种类、含量对 UHPC 的 DIF 值影响比较显著,适宜的掺量能更有效地改善 UHPC 的动态力学性能,最后拟合出了不同纳米材料种类、含量条件下的 DIF 回归公式;Su 等[22-23]进一步指出钢纤维的添加对 UHPC 的动态抗压强度有显著影响,但钢纤维增强 UHPC 的 DIF 值始终低于传统混凝土材料。对于直径 92mm、高 46mm 的 UHPC 试件,Wu 等[24]研究表明采用 1.5% 长纤维和 0.5% 短纤维混合增强的 UHPC 表现出最佳的动态力学性能。

可以看出,目前基于 SHPB 技术,针对 UHPC 材料动力特性的研究取得了较为丰硕的成果,但考虑到不同学者采用不同的霍普金森杆尺寸,导致试件尺寸多样,使 UHPC 试件尺寸、单轴抗压强度、应变率与动力增大系数之间的影响规律并无系统性的结论。针对以上问题,本章通过收集众多学者基于 SHPB 技术的 UHPC 冲击试验研究成果,整理出 6 种试件尺寸 UHPC 材料的 DIF 数据,在评估 CEB 提出的 DIF 计算公式对 UHPC 材料适用性的基础上,采用第 4 章校准后的 KCC 模型,进一步对上述 6 种试件尺寸和 5 种单轴抗压强度下的 DIF 值开展数值分析,通过回归分析建立不同试件尺寸和单轴抗压强度下的 DIF 计算公式和阈值 $\bar{\varepsilon}$ 计算公式;最后介绍 UHPC 材料在桥梁、民用建筑和其他工程中的应用、相关规范与标准及后续展望。

7.2　混凝土材料动力增大系数

7.2.1　动力增大系数定义

为评估混凝土材料在冲击荷载下的动态特性,一般采用动力增大系数(Dynamic Increase Factor,DIF)作为冲击荷载下材料单轴抗压强度增幅的评价指标。该指标为动态抗压强度与单轴抗压强度的比值,对材料的应变率效应进行量化评价,其表达式如下:

$$\mathrm{DIF}=\frac{f_{\mathrm{d}}}{f_{\mathrm{c}}} \tag{7-1}$$

式中,f_{d}、f_{c}分别表示混凝土试件的动态抗压强度和单轴抗压强度。

7.2.2　CEB 规范建议公式

目前各国规范中,针对普通混凝土材料动力增大系数的规定以 CEB 规范最为详细,其中 CEB-1990 规范[4]对普通混凝土在不同单轴抗压强度下的 DIF 值给出了建议公式，并考虑了应变率效应：

$$\mathrm{DIF}=\frac{f_{\mathrm{d}}}{f_{\mathrm{c}}}=\begin{cases}(\dot{\varepsilon}/\dot{\varepsilon}_0)^{1.026\alpha} & (\dot{\varepsilon}\leqslant 30\mathrm{s}^{-1})\\ \gamma\dot{\varepsilon}^{1/3} & (\dot{\varepsilon}>30\mathrm{s}^{-1})\end{cases} \tag{7-2}$$

式中，$\dot{\varepsilon}$ 和 $\dot{\varepsilon}_0$ 分别表示混凝土试件的应变率和静态应变率，规范建议取 $\dot{\varepsilon}_0=30\times10^{-6}\mathrm{s}^{-1}$；$\alpha=1/(5+9f_{\mathrm{c}}/f_{\mathrm{co}})$，$f_{\mathrm{co}}=10\mathrm{MPa}$；$\lg\gamma=6.156\alpha-0.492$。

此后 CEB 在 2010 年提出了新的 DIF 建议公式[5]：

$$\mathrm{DIF}=\frac{f_{\mathrm{d}}}{f_{\mathrm{c}}}=\begin{cases}(\dot{\varepsilon}/\dot{\varepsilon}_0)^{0.014} & (\dot{\varepsilon}\leqslant 30\mathrm{s}^{-1})\\ 0.012(\dot{\varepsilon}/\dot{\varepsilon}_0)^{1/3} & (\dot{\varepsilon}>30\mathrm{s}^{-1})\end{cases} \tag{7-3}$$

从式(7-2)和式(7-3)可以看出：①应变率对 DIF 值的提高存在一个阈值，当应变率低于阈值时，DIF 值缓慢增长，当应变率超过阈值时，DIF 值急剧增长，且对于普通混凝土应变率阈值统一取 $30\mathrm{s}^{-1}$；②CEB-1990 规范考虑了静态抗压强度的影响，但 CEB-2010 规范忽略其影响；③CEB 规范均未考虑试件尺寸效应。

7.2.3 其他建议公式

Tedesco 等[25]根据一系列的混凝土 SHPB 试验结果，给出处于受压状态下的混凝土试件 DIF 的计算公式：

$$\mathrm{DIF}=\frac{f_{\mathrm{d}}}{f_{\mathrm{c}}}=\begin{cases}0.00965\lg\dot{\varepsilon}+1.058 & (|\dot{\varepsilon}|\leqslant 63.1\mathrm{s}^{-1})\\ 0.758\lg\dot{\varepsilon}-0.289 & (|\dot{\varepsilon}|>63.1\mathrm{s}^{-1})\end{cases} \tag{7-4}$$

Yousef 等[26]根据试验结果给出受压状态下混凝土试件 DIF 的计算公式：

$$\mathrm{DIF}=\frac{f_{\mathrm{d}}}{f_{\mathrm{c}}}=\frac{3.54\dot{\varepsilon}+430.6}{\dot{\varepsilon}+447.3} \tag{7-5}$$

Hao 等[27]给出受压状态下混凝土 DIF 的计算公式：

$$\mathrm{DIF}=\frac{f_{\mathrm{d}}}{f_{\mathrm{c}}}=\begin{cases}0.0418\lg\dot{\varepsilon}+1.2165 & (1\mathrm{s}^{-1}<|\dot{\varepsilon}|\leqslant 30\mathrm{s}^{-1})\\ 0.8988\ (\lg\dot{\varepsilon})^2-2.8255\lg\dot{\varepsilon}+3.4907 & (30\mathrm{s}^{-1}<|\dot{\varepsilon}|>1000\mathrm{s}^{-1})\end{cases} \tag{7-6}$$

根据上述对混凝土材料动态力学性能的试验研究成果及考虑应变率效应的混凝土材料 DIF 计算公式的总结，可推断出采用 SHPB 试验技术对 UHPC 进行动态力学性能研究具备可行性，可依据试验结果数据回归出考虑应变率效应、强度效应和尺寸效应的 UHPC 的 DIF 计算公式。

7.3 基于分离式霍普金森压杆技术的超高性能混凝土动力增大系数

7.3.1 超高性能混凝土动力增大系数试验数据整理

为探讨 UHPC 材料的动力增大效应，收集了众多学者应用 SHPB 技术开展的 UHPC 冲击试验研究成果[10-24]，整理出了6种不同试件尺寸下共235个UHPC试件的DIF试验数据，表7-1列出了相应文献的试件尺寸、单轴抗压强度和DIF计算公式，图7-1给出了235个UHPC试件DIF试验数据。

文献[10-24]中的试件尺寸、单轴静态抗压强度及DIF公式　　表7-1

文献	试件尺寸（直径×高度）/（mm×mm）	试件单轴抗压强度/MPa	DIF计算公式
[10]	23.8×9.2	200	$DIF=0.190\log\dot{\varepsilon}+0.791\quad(34.2s^{-1}<\dot{\varepsilon}<112s^{-1})$
[11]	23.8×9.2	210	SF-UHPC4：$DIF=0.123\log\dot{\varepsilon}+0.815\quad(28.22s^{-1}<\dot{\varepsilon}<71.76s^{-1})$ SF-UHPC2：$DIF=0.066\log\dot{\varepsilon}+0.940\quad(26.43s^{-1}<\dot{\varepsilon}<71.07s^{-1})$ SF-UHPC1：$DIF=0.036\log\dot{\varepsilon}+1.010\quad(24.00s^{-1}<\dot{\varepsilon}<71.07s^{-1})$ UHPC：$DIF=0.020\log\dot{\varepsilon}+1.006\quad(22.02s^{-1}<\dot{\varepsilon}<83.10s^{-1})$
[12]	23.8×9.2	173、181、187、198	—
[13]	30×10	134.35、148.75、150.55、162.45、178.05、200.20	—
[14-15]	50×25	101.44、119.62、147.64	—
[16-19]	70×35	143、186、204、118.2、138.2、154.3、158、209.5、222.9	—
[20]	70×35	144.4、151.7、146.8	—
[21-22]	75×37.5	145.1	3%-$CaCO_3$：$DIF=1.6221\log\dot{\varepsilon}-1.638$
		149.6	3%-SiO_2：$DIF=0.8841\log\dot{\varepsilon}-0.318$
		143.5	3%-TiO_2：$DIF=2.5931\log\dot{\varepsilon}-3.821$
		162.7	3%-Al_2O_3：$DIF=1.0201\log\dot{\varepsilon}-0.554$
		138.8	1%-$CaCO_3$：$DIF=1.0141\log\dot{\varepsilon}-0.867$
		155.7	5%-$CaCO_3$：$DIF=1.8131\log\dot{\varepsilon}-2.161$
[23]	75×37.5	145.12、114.51、132.29、113.05	—
[24]	92×46	134.3、143.6、127.7、123.2、120.5	—

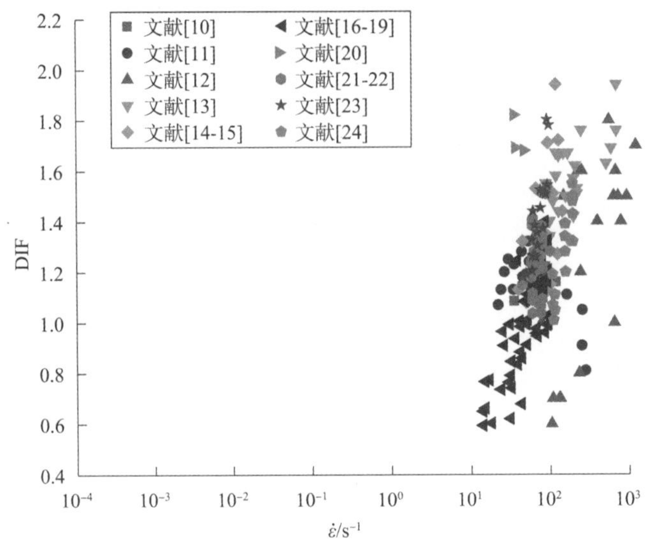

图 7-1　UHPC 试件 DIF 试验数据

7.3.2　规范建议公式与超高性能混凝土试验数据对比

图 7-2 给出了 235 个 UHPC 试件 DIF 试验数据与 CEB 规范计算曲线的对比。

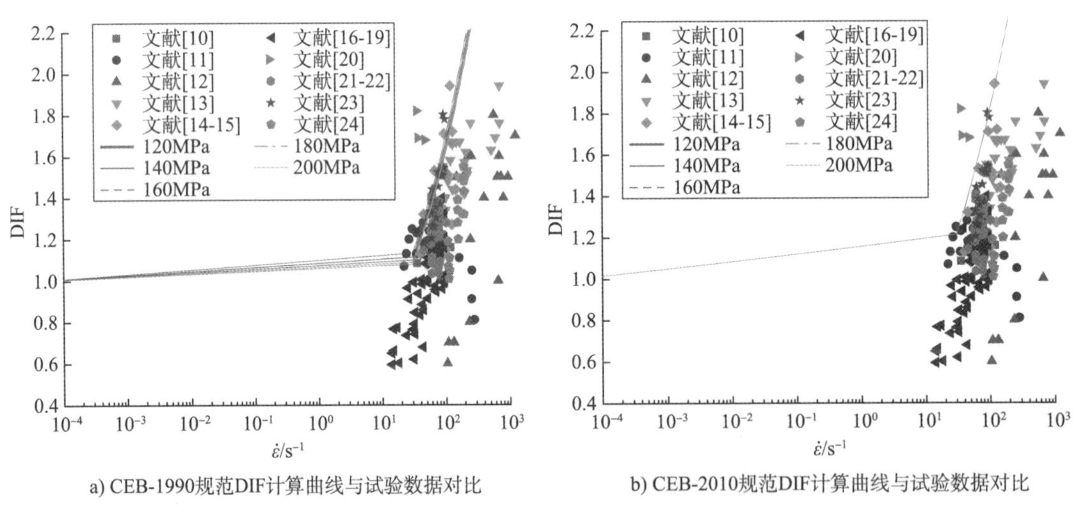

图 7-2　CEB 规范 DIF 计算曲线与文献[10-24]DIF 试验数据对比

从图中可以看出，由 CEB-1990 和 CEB-2010 规范得到的计算曲线均在一定程度上高估了应变率对 UHPC 单轴抗压强度的增幅，对 UHPC 材料并不具备较好的适用性。一方面，UHPC 材料基于最大堆积密度理论设计，相对于普通混凝土材料，UHPC 材料拥有更致密的微观结构，而已有的研究表明混凝土材料应变率敏感性随孔隙率的增大而增强[22]，因此 UHPC 材料的低孔隙率会导致其应变率敏感性劣于普通混凝土材料；另一方面，UHPC 材料中一般掺加纤维增强其抗裂韧性,而纤维是一种应变率不敏感材料[11],进一步降低了 UHPC 材料的应变率敏感性。与此同时,试验数据中部分 DIF 值出现小于 1 的情况,表明动态抗压强度小于单轴抗压强度,这显然与实际情况不符,因此部分试验数据并未真实反映 UHPC 材料的动力特性。

针对上述问题,综合考虑试验技术、测试手段的限制,试验研究存在成本高、数据离散性强和影响因素复杂等诸多不足,在试验验证的基础上开展数值分析,是探讨 UHPC 材料的动力增大系数变化规律的有效手段。

7.4　超高性能混凝土动力增大系数分析

相对于 HJC 模型,KCC 模型不存在忽略偏应力张量第三不变量 J_3 对偏平面影响的局限性,通过定义 3 个剪切破坏面来模拟混凝土类材料的复杂力学行为,是 LS-DYNA 中最全面的混凝土模型之一;相对于 CSC 模型,KCC 模型更适合模拟中高等应变率(如爆炸和冲击)下混凝土材料的动态力学性能,通过引入状态方程,对混凝土材料本构关系的描述也更为准确[28-29]。因此选用参数校准后的 KCC 模型作为 UHPC 试件的动态损伤模型。

7.4.1　数值仿真模型

试验参数见表 7-2,杆件为钢质,密度、弹性模量、泊松比分别按 9150kg/m^3、2×10^5MPa、0.3 取值。铜质和铝质整形器采用 Plastic-Kinematic 模型模拟,橡胶整形器采用 Mooney-Rivlin 模型模拟,对应的材料参数见表 7-3。数值模型相关信息见第 4.5.1 节,此处不再赘述。

试验参数　　表 7-2

项目		文献[11]	文献[13]	文献[15]	文献[16]	文献[22]	文献[24]
试件	厚度(mm)	9.2	10	25	35	37.5	46
	直径(mm)	23.8	30	50	70	75	92
撞击杆	长度(mm)	305	150	400	400	400	1500
	直径(mm)	25.4	40	37	37	75	100
入射杆	长度(mm)	3657.6	1980	2400	3200	4000	6000
	直径(mm)	25.4	40	37 ~ 50	37 ~ 74	75	100
透射杆	长度(mm)	3657.6	1000	1400	2000	3000	4000
	直径(mm)	25.4	40	50	74	75	100
整形器	厚度(mm)	2	2.5	1.3	2.5	4	5
	直径(mm)	10	15	18	20	20	25
	材质	铜/铝	铜	橡胶	铜	铜	铜

注:37 ~ 50 表示在直锥变截面入射杆的一段过渡段中直径由 37mm 变为 50mm,37 ~ 74 类似。

整形器材料参数　　表 7-3

材料	密度/(kg/m^3)	体积弹性模量/MPa	泊松比	屈服强度/MPa	剪切模量/MPa	塑性硬化模量/MPa	常数 C_{10}/MPa	常数 C_{01}/MPa
铜	8920	140000	0.35	70	48000	334	—	—
铝	2700	67000	0.33	276	26000	354	—	—
橡胶	950	—	0.49	—	—	—	0.9640	-0.4952

7.4.2　模型试验验证

为验证上述数值仿真模型的准确性，分别对 6 种不同试件尺寸 UHPC 冲击试验开展数值模拟。图 7-3 给出了不同的试件尺寸下实测动态应力-应变曲线与模拟动态应力-应变曲线的对比，需要说明的是，图例中"文献[11]试验值-210MPa-55.97s^{-1}"表示文献[11]中单轴抗压强度为 210MPa 的 UHPC 试件在应变率为 55.97s^{-1}冲击作用下的实测动态应力-应变曲线，其余类同。

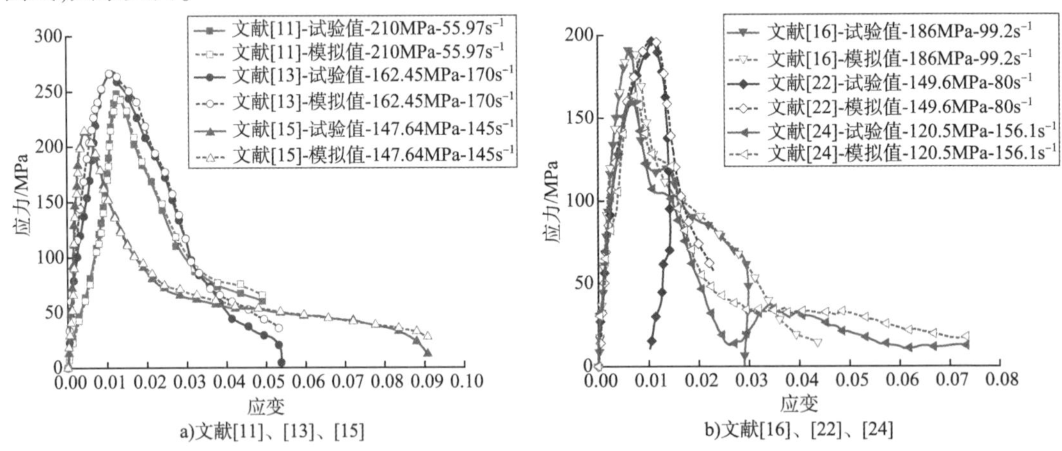

图 7-3　实测动态应力-应变曲线和模拟动态应力-应变曲线的对比

从图 7-3 可以看出，基于合适的参数，应用校准后的 KCC 模型能较好地模拟不同 UHPC 试件尺寸条件下 SHPB 试验的动态应力-应变曲线，表明建立的 UHPC 动态冲击压缩数值仿真模型具有较好的精准性。

7.4.3　不同试件尺寸下动力增大系数分析

考虑到 CEB 提出的 DIF 建议公式针对 UHPC 的适用性较差和 UHPC 试验数据离散性大，本节拟在校准后的 KCC 模型的基础上，对 UHPC 材料应用 SHPB 技术开展冲击压缩数值分析。图 7-4 给出了 6 种尺寸试件在不同单轴抗压强度下 DIF 值的变化曲线，其中 UHPC 试件的单轴抗压强度针对文献[10-24]中 UHPC 试件的单轴抗压强度变化范围分别按 120MPa、140MPa、160MPa、180MPa 和 200MPa 取值。

从图 7-4 可以看出，在相同试件尺寸下，DIF 值的增幅随着 UHPC 试件单轴抗压强度的增大而降低，在冲击荷载作用下 UHPC 材料 DIF 值表现出明显的强度效应。这是由于 UHPC 材料的单轴抗压强度与水泥基材料基体的致密程度密切相关，孔隙率越低则单轴抗压强度越高,而混凝土材料应变率敏感性随孔隙率的降低而降低[22];与此同时,UHPC 的单轴抗压强度随纤维掺量的增加而增大,而纤维材料是一种应变率不敏感性材料,在高掺量的情况下将进一步降低 UHPC 材料的应变率敏感性。

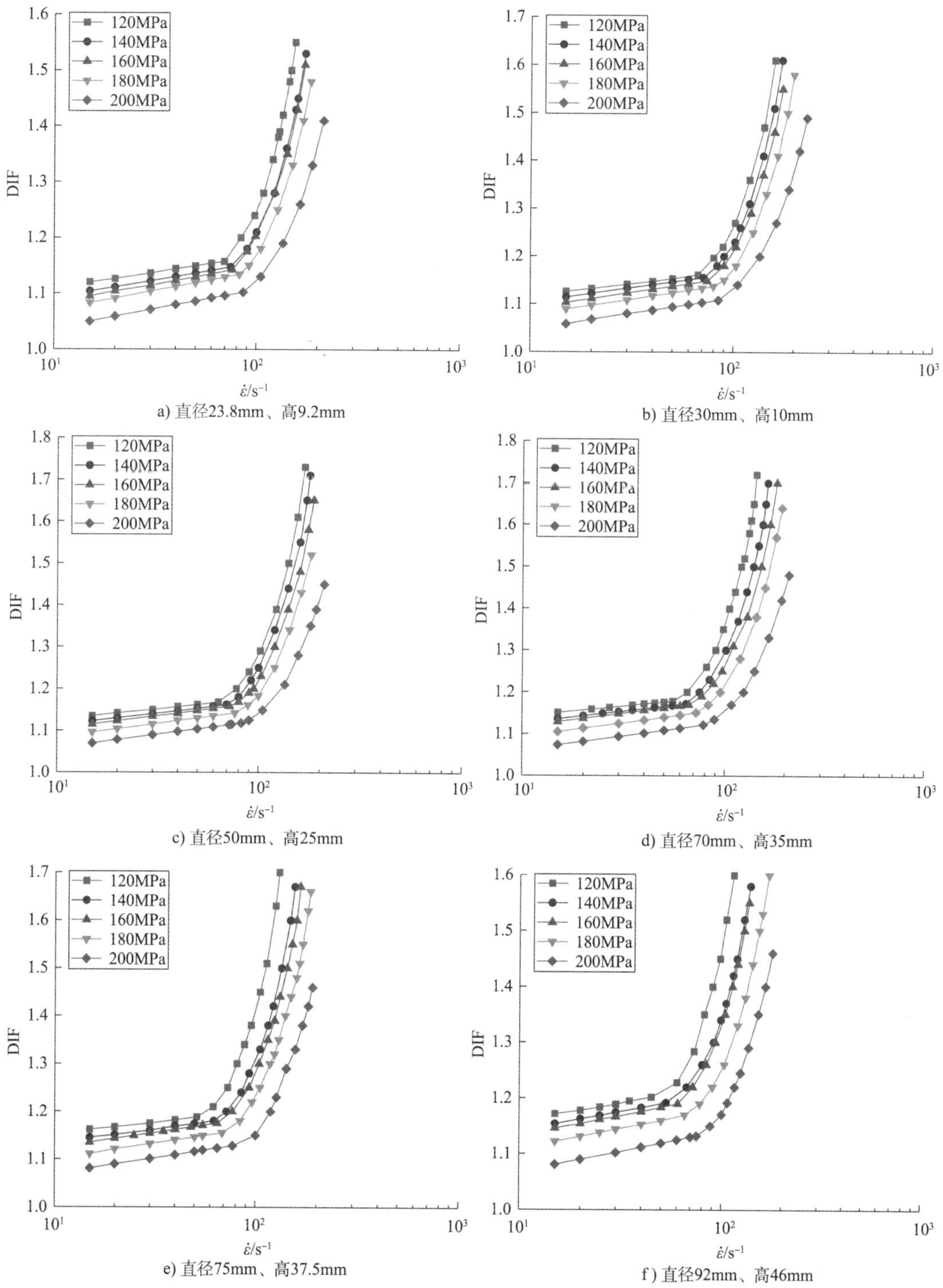

图 7-4　不同尺寸试件的 DIF 模拟值

7.4.4 不同单轴抗压强度下动力增大系数分析

为进一步探讨试件尺寸对 UHPC 材料 DIF 值的影响，图 7-5 给出了单轴抗压强度为 120MPa、140MPa、160MPa、180MPa 和 200MPa 时在不同试件尺寸下 DIF 值的变化曲线。

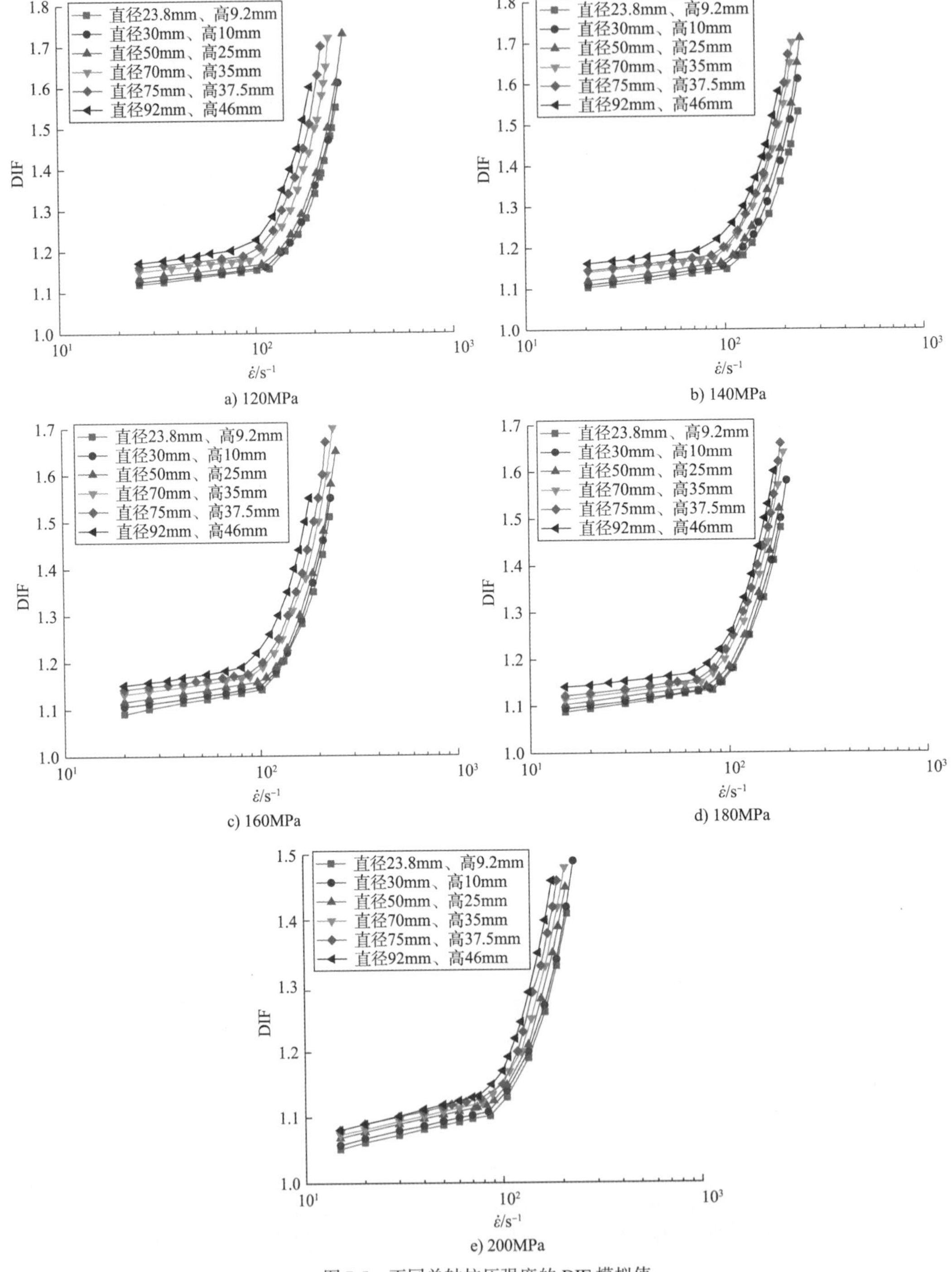

图 7-5 不同单轴抗压强度的 DIF 模拟值

从图 7-5 可以看出，在相同单轴抗压强度下，DIF 值的增幅随着 UHPC 试件尺寸的增大而增加，在冲击荷载作用下 UHPC 材料 DIF 值表现出明显的尺寸效应。这是由于在冲击荷载作用下试件内部首先产生大量的微裂缝，但微裂缝的分布密度随试件尺寸的增大而减小，而微裂缝的贯穿需要一定的时间，在瞬时冲击荷载作用下试件内部裂缝没有足够的时间发展。考虑到裂缝产生所需的能量比裂缝发展所需的能量多，尺寸比较大的试件只能通过增加试件应力来实现能量守恒，导致 DIF 值的增幅随 UHPC 试件尺寸的增大而增加。

7.4.5　超高性能混凝土应变率阈值

从图 7-4 和图 7-5 可以看出，DIF 值在两种应变率范围下表现出不同的增长速率，两种应变率范围之间的界限称为阈值 $\bar{\varepsilon}$，并且当应变率低于阈值时，DIF 值随着应变率增大而缓慢增大，当应变率大于阈值时，DIF 值随着应变率增大而急剧增大。应用应变率阈值确定方法，表 7-4 给出了图 7-4 和图 7-5 中不同试件尺寸、单轴抗压强度下阈值 $\bar{\varepsilon}$ 及相应的 DIF 值。从表 7-4 可以看出，阈值 $\bar{\varepsilon}$ 随试件尺寸的增大而减小，随单轴抗压强度的增大而增大，相应的 DIF 值随试件尺寸的增大而增大，随单轴抗压强度的增大而减小，阈值点表现出明显的尺寸效应和强度效应。

不同试件尺寸和单轴抗压强度的阈值 $\bar{\varepsilon}$(s^{-1})及相应的 DIF 值　　表 7-4

试件尺寸	120MPa	140MPa	160MPa	180MPa	200MPa
直径 23.8mm、高 9.2mm	69.6/1.157	74.6/1.147	76.1/1.142	82.5/1.134	86.3/1.102
直径 30mm、高 10mm	66.8/1.161	71.2/1.155	74.2/1.148	79.8/1.137	84.3/1.108
直径 50mm、高 25mm	63.5/1.168	69.7/1.162	72.3/1.158	76.8/1.142	82.5/1.118
直径 70mm、高 35mm	55.2/1.178	64.2/1.172	66.4/1.170	72.2/1.151	78.5/1.122
直径 75mm、高 37.5mm	51.3/1.188	62.4/1.180	64.9/1.175	68.7/1.155	77.3/1.128
直径 92mm、高 46mm	44.8/1.202	52.9/1.192	60.5/1.190	65.6/1.170	75.2/1.132

7.5　超高性能混凝土动力增大系数回归公式

7.5.1　回归公式推导原理

由表 7-4 可以看出，UHPC 试件的阈值 $\bar{\varepsilon}$ 表现出明显的强度效应和尺寸效应，并且从图 7-4 和图 7-5 中的模拟值可以看出，DIF 值同样存在明显的强度效应和尺寸效应。为此，参考 CEB 提出的 DIF 建议公式、多位学者提出的计算公式并结合多次试算[4,5,10,11,21,22]，建立考虑单轴抗压强度 f_c 的 DIF 回归公式及阈值 $\bar{\varepsilon}$ 回归公式：

$$\mathrm{DIF}=\frac{f_d}{f_c}=\begin{cases}\alpha_1\left(\dot{\varepsilon}/\dot{\varepsilon}_0\right)^{\alpha_2} & (\dot{\varepsilon}\leqslant\bar{\varepsilon})\\ \beta_1+\beta_2\dot{\varepsilon}^{\beta_3} & (\dot{\varepsilon}>\bar{\varepsilon})\end{cases}\tag{7-7}$$

$$\bar{\varepsilon}=\gamma_1+\gamma_2 f_c\tag{7-8}$$

式中，f_d 和 f_c 分别表示混凝土试件的动态抗压强度和单轴抗压强度；$\dot{\varepsilon}$ 和 $\dot{\varepsilon}_0$ 分别表示混凝土试件的应变率和静态应变率，取 $\dot{\varepsilon}_0=\bar{\varepsilon}\times10^{-6}\mathrm{s}^{-1}$，$\bar{\varepsilon}$ 表示混凝土试件 DIF 回归公式中的

阈值;α_1、α_2、β_1、β_2、β_3、γ_1、γ_2均表示回归系数。

以 UHPC 试件尺寸为直径 23.8mm、高 9.2mm 为例,基于最小二乘法拟合该尺寸下回归系数 α_1、α_2、β_1、β_2、β_3、γ_1、γ_2的回归公式,步骤如下:

①将表 7-4 中的阈值 $\bar{\varepsilon}$ 代入式(7-8),拟合出试件尺寸为直径 23.8mm、高 9.2mm、考虑单轴抗压强度 f_c的阈值 $\bar{\varepsilon}$ 回归公式:

$$\bar{\varepsilon} = 44.78 + 0.207 f_c \tag{7-9}$$

②将图 7-4a)中的 5 种单轴抗压强度的模拟值代入式(7-7),拟合出试件尺寸为直径 23.8mm、高 9.2mm、考虑单轴抗压强度 f_c的 DIF 回归公式,如表 7-5 所示。

试件尺寸为 23.8mm×9.2mm、考虑单轴抗压强度 f_c的 DIF 回归公式 表 7-5

f_c	DIF 回归公式	相关性 R^2
120MPa	$\mathrm{DIF} = \frac{f_d}{f_c} = \begin{cases} 0.858\,(\dot{\varepsilon}/\dot{\varepsilon}_0)^{0.022} & (\dot{\varepsilon} \leq 69.6\mathrm{s}^{-1}) \\ 1.093 + 1.848\times10^{-6}\dot{\varepsilon}^{2.466} & (\dot{\varepsilon} > 69.6\mathrm{s}^{-1}) \end{cases}$	0.999
140MPa	$\mathrm{DIF} = \frac{f_d}{f_c} = \begin{cases} 0.824\,(\dot{\varepsilon}/\dot{\varepsilon}_0)^{0.024} & (\dot{\varepsilon} \leq 74.6\mathrm{s}^{-1}) \\ 1.081 + 3.224\times10^{-6}\dot{\varepsilon}^{2.298} & (\dot{\varepsilon} > 74.6\mathrm{s}^{-1}) \end{cases}$	0.999
160MPa	$\mathrm{DIF} = \frac{f_d}{f_c} = \begin{cases} 0.801\,(\dot{\varepsilon}/\dot{\varepsilon}_0)^{0.026} & (\dot{\varepsilon} \leq 76.1\mathrm{s}^{-1}) \\ 1.072 + 4.989\times10^{-6}\dot{\varepsilon}^{2.210} & (\dot{\varepsilon} > 76.1\mathrm{s}^{-1}) \end{cases}$	0.999
180MPa	$\mathrm{DIF} = \frac{f_d}{f_c} = \begin{cases} 0.781\,(\dot{\varepsilon}/\dot{\varepsilon}_0)^{0.027} & (\dot{\varepsilon} \leq 82.5\mathrm{s}^{-1}) \\ 1.054 + 6.290\times10^{-6}\dot{\varepsilon}^{2.133} & (\dot{\varepsilon} > 82.5\mathrm{s}^{-1}) \end{cases}$	0.999
200MPa	$\mathrm{DIF} = \frac{f_d}{f_c} = \begin{cases} 0.753\,(\dot{\varepsilon}/\dot{\varepsilon}_0)^{0.028} & (\dot{\varepsilon} \leq 86.3\mathrm{s}^{-1}) \\ 1.040 + 9.031\times10^{-6}\dot{\varepsilon}^{1.981} & (\dot{\varepsilon} > 86.3\mathrm{s}^{-1}) \end{cases}$	0.999

③参数 α_1 和 α_2 与试件的单轴抗压强度 f_c 相关性较强,拟合曲线如图 7-6 所示。

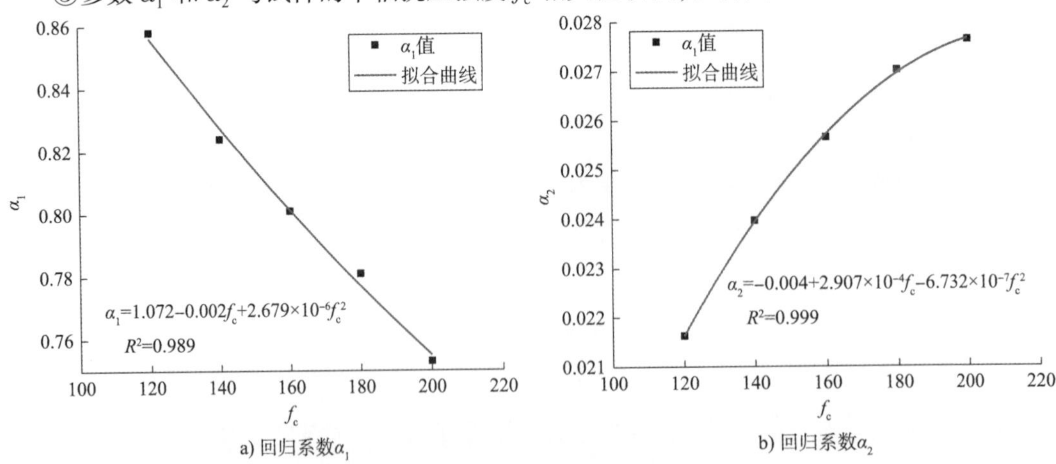

a) 回归系数α_1　　b) 回归系数α_2

图 7-6　回归系数 α_1 和 α_2 及其拟合曲线

④比较参数 β_1、β_2 和 β_3，三者均与试件的单轴抗压强度 f_c 相关性较强，参数 β_1、β_2 和 β_3 及其拟合曲线如图 7-7 所示。

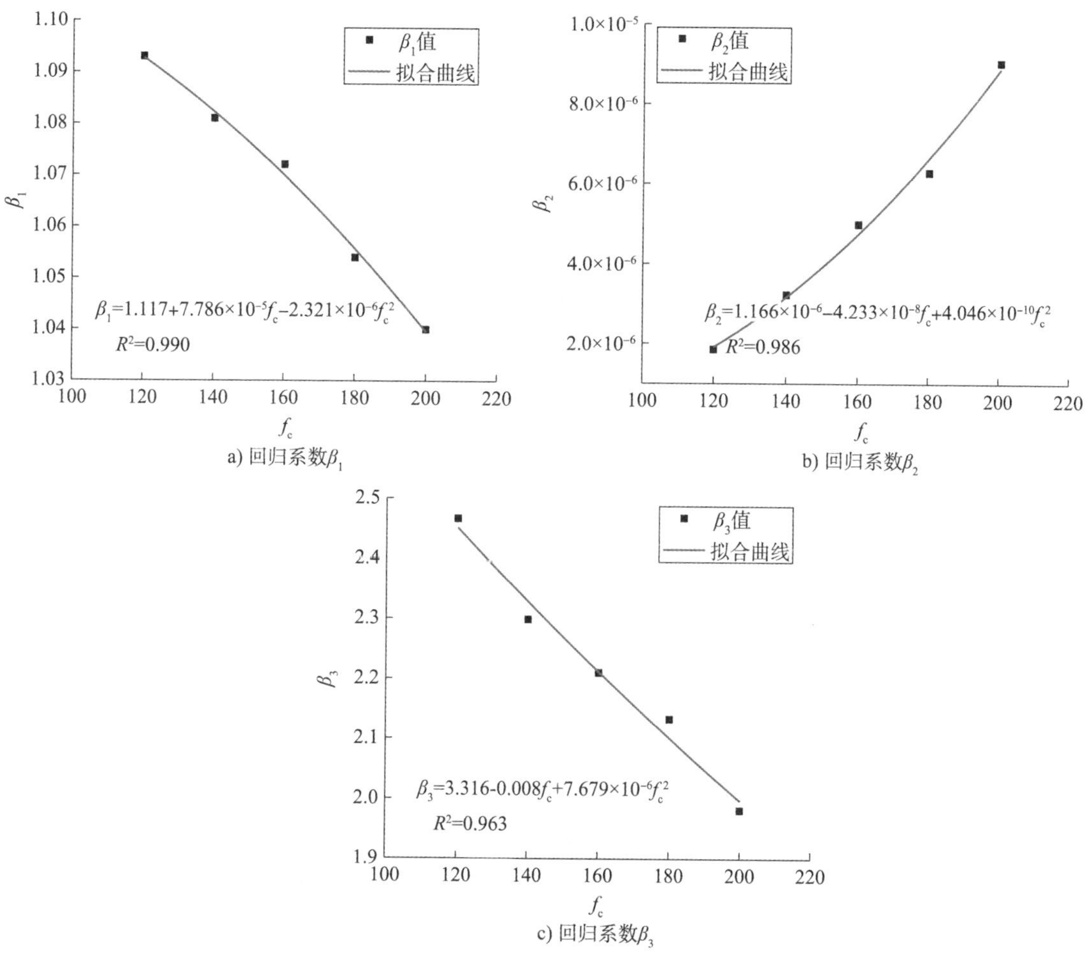

a) 回归系数 β_1

b) 回归系数 β_2

c) 回归系数 β_3

图 7-7　回归系数 β_1、β_2 和 β_3 及其拟合曲线

综上所述，直径 23.8mm、高 9.2mm 的试件 DIF 回归公式中，α_1、α_2、β_1、β_2、β_3 的回归公式如下：

$$\alpha_1=1.072-0.002f_c+2.679\times10^{-6}f_c^2 \tag{7-10}$$

$$\alpha_2=-0.004+2.907\times10^{-4}f_c-6.732\times10^{-7}f_c^2 \tag{7-11}$$

$$\beta_1=1.117+7.786\times10^{-5}f_c-2.321\times10^{-6}f_c^2 \tag{7-12}$$

$$\beta_2=1.166\times10^{-6}-4.233\times10^{-8}f_c+4.046\times10^{-10}f_c^2 \tag{7-13}$$

$$\beta_3=3.316-0.008f_c+7.679\times10^{-6}f_c^2 \tag{7-14}$$

类似地，采用上述方法拟合出不同试件尺寸下考虑单轴抗压强度 f_c 的 DIF 回归公式中的回归系数及阈值 $\bar{\varepsilon}$ 的回归公式，如表 7-6 所示。

不同试件尺寸下考虑单轴抗压强度的 DIF 回归公式中回归系数及阈值 $\bar{\varepsilon}$ 的回归公式　表 7-6

试件尺寸	DIF 回归公式	相关性 R^2
直径 23.8mm、高 9.2mm	$\alpha_1 = 1.072 - 0.002f_c + 2.679\times10^{-6}f_c^2$	0.989
	$\alpha_2 = -0.004 + 2.907\times10^{-4}f_c - 6.732\times10^{-7}f_c^2$	0.999
	$\beta_1 = 1.117 + 7.786\times10^{-5}f_c - 2.321\times10^{-6}f_c^2$	0.990
	$\beta_2 = 1.166\times10^{-6} - 4.233\times10^{-8}f_c + 4.046\times10^{-10}f_c^2$	0.986
	$\beta_3 = 3.316 - 0.008f_c + 7.679\times10^{-6}f_c^2$	0.963
	$\bar{\varepsilon} = 44.78 + 0.207f_c$	0.968
直径 30mm、高 10mm	$\alpha_1 = 1.176 - 0.003f_c + 6.071\times10^{-6}f_c^2$	0.989
	$\alpha_2 = -0.013 + 4.051\times10^{-4}f_c - 1.032\times10^{-6}f_c^2$	0.995
	$\beta_1 = 1.231 - 0.001f_c + 1.786\times10^{-6}f_c^2$	0.992
	$\beta_2 = 4.181\times10^{-6} - 8.353\times10^{-8}f_c + 5.234\times10^{-10}f_c^2$	0.985
	$\beta_3 = 3.056 - 0.004f_c - 6.071\times10^{-6}f_c^2$	0.984
	$\bar{\varepsilon} = 40.38 + 0.218f_c$	0.990
直径 50mm、高 25mm	$\alpha_1 = 1.141 - 0.003f_c + 3.750\times10^{-6}f_c^2$	0.995
	$\alpha_2 = -0.008 + 3.238\times10^{-4}f_c - 7.643\times10^{-7}f_c^2$	0.999
	$\beta_1 = 1.243 - 0.001f_c + 1.429\times10^{-6}f_c^2$	0.998
	$\beta_2 = 5.114\times10^{-7} - 3.660\times10^{-8}f_c + 3.686\times10^{-10}f_c^2$	0.993
	$\beta_3 = 3.422 - 0.008f_c + 6.607\times10^{-6}f_c^2$	0.986
	$\bar{\varepsilon} = 36.88 + 0.226f_c$	0.981
直径 70mm、高 35mm	$\alpha_1 = 1.273 - 0.004f_c + 6.071\times10^{-6}f_c^2$	0.995
	$\alpha_2 = -0.020 + 4.381\times10^{-4}f_c - 1.038\times10^{-6}f_c^2$	0.999
	$\beta_1 = 1.072 + 0.001f_c - 6.607\times10^{-6}f_c^2$	0.971
	$\beta_2 = 3.552\times10^{-6} - 7.863\times10^{-8}f_c + 5.020\times10^{-10}f_c^2$	0.991
	$\beta_3 = 3.803 - 0.012f_c + 1.500\times10^{-5}f_c^2$	0.989
	$\bar{\varepsilon} = 23.62 + 0.273f_c$	0.964
直径 75mm、高 37.5mm	$\alpha_1 = 1.304 - 0.004f_c + 7.500\times10^{-6}f_c^2$	0.997
	$\alpha_2 = -0.020 + 4.499\times10^{-4}f_c - 1.102\times10^{-6}f_c^2$	0.999
	$\beta_1 = 1.073 + 0.001f_c - 7.679\times10^{-6}f_c^2$	0.976
	$\beta_2 = 1.035\times10^{-6} - 4.031\times10^{-8}f_c + 3.352\times10^{-10}f_c^2$	0.997

续上表

试件尺寸	DIF 回归公式	相关性 R^2
直径 75mm、高 37.5mm	$\beta_3 = 4.299 - 0.017f_c + 3.071 \times 10^{-5} f_c^2$	0.993
	$\bar{\varepsilon} = 18.28 + 0.292f_c$	0.928
直径 92mm、高 46mm	$\alpha_1 = 0.992 - 8.950 \times 10^{-4} f_c - 1.250 \times 10^{-6} f_c^2$	0.991
	$\alpha_2 = 8.980 \times 10^{-4} + 2.619 \times 10^{-4} f_c - 6.125 \times 10^{-7} f_c^2$	0.999
	$\beta_1 = 0.992 + 0.003f_c - 1.268 \times 10^{-5} f_c^2$	0.993
	$\beta_2 = -1.594 \times 10^{-6} + 3.776 \times 10^{-9} f_c + 1.654 \times 10^{-10} f_c^2$	0.991
	$\beta_3 = 4.047 - 0.014f_c + 2.429 \times 10^{-5} f_c^2$	0.989
	$\bar{\varepsilon} = 1 + 0.368f_c$	0.991

7.5.2　回归公式试验验证

为进一步探讨提出的计算公式的可靠性，剔除文献[10-24]中 DIF 值小于 1 的无效数据，将有效试验数据对应的 UHPC 试件的单轴抗压强度 f_c 代入表 7-6 中相应的计算公式，再将计算出的回归系数代入式(7-7)中，计算出相应的 DIF 计算值，将计算值与试验值进行对比，如图 7-8 所示。图中的"MR"表示 DIF 试验值与 DIF 计算值的比值的平均值，"SD"表示该比值的标准差。

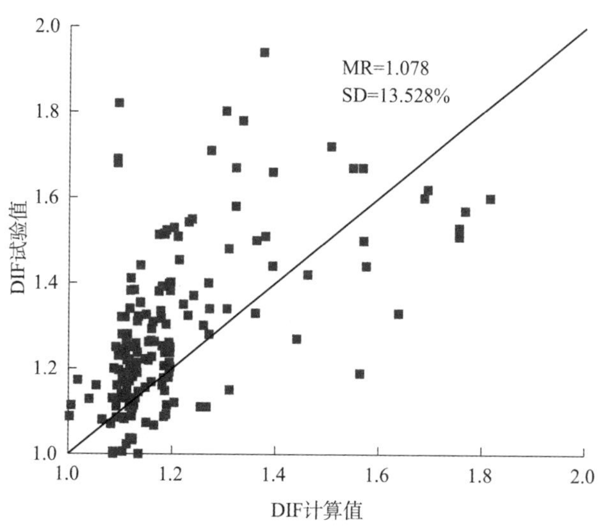

图 7-8　计算值与试验值对比

从图 7-8 可以看出，根据表 7-6 计算公式得到的计算值与试验值相比存在一定的离散性，但 MR = 1.078，SD = 13.528%，表明大部分的 DIF 试验值略大于计算公式所得的计算值，计算值与试验值之间的差异性相对较小，提出的 DIF 计算公式偏于安全，并能在一定程度上避免高估 UHPC 的动力增大系数。

7.6 研究小结

本章收集了众多学者基于 SHPB 技术的 UHPC 冲击试验研究成果，整理出了 6 种试件尺寸下 UHPC 材料的 DIF 数据，评估了欧洲混凝土协会（CEB）提出的 DIF 计算公式对 UHPC 材料的适用性。在此基础上，采用校准后的 KCC 模型，进一步对 6 种试件尺寸和 5 种单轴抗压强度下的 DIF 值开展数值分析，通过回归分析建立了不同试件尺寸和单轴抗压强度下的 DIF 计算公式和阈值 $\bar{\varepsilon}$ 计算公式，得到了以下结论：

①由 CEB 提出的 DIF 建议公式限制了第二段函数实测数据的多样性，高估了应变率对 UHPC 材料单轴抗压强度的增强。

②基于合适的参数选取，应用校准后的 KCC 模型能较好地模拟不同 UHPC 试件尺寸下 SHPB 试验的动态应力-应变曲线，表明建立的 UHPC 动态冲击压缩数值仿真模型具有较好的精准性。

③DIF 值随试件尺寸的增大而增大，随单轴抗压强度的增大而减小，而 DIF 曲线应变率阈值随试件尺寸的增大而减小，随单轴抗压强度的增大而增大。

④在相同试件尺寸下，DIF 值的增幅随着 UHPC 试件单轴抗压强度的增大而降低；在相同单轴抗压强度下，DIF 值的增幅随着 UHPC 试件尺寸的增大而增大。

⑤建立的不同试件尺寸下考虑单轴抗压强度的 DIF 回归公式和阈值 $\bar{\varepsilon}$ 计算公式能较好地吻合数值分析结果，并能在一定程度上避免高估 UHPC 的动力增大系数，对冲击压缩作用下 UHPC 动力特性评估具有一定的适用性。

本章参考文献

[1] BISCHOFF P H, PERRY S H. Compressive behaviour of concrete at high strain rates[J]. Materials and Structures, 1991, 24(6): 425-450.

[2] KWAK H G, GANG H G. An improved criterion to minimize FE mesh-dependency inconcrete structures under high strain rate conditions[J]. International Journal of Impact Engineering, 2015, 86: 84-95.

[3] WANG S, ZHANG M H, QUEK S T. Mechanical behavior of fiber-reinforced high-strength concrete subjected to high strain-rate compressive loading[J]. Construction and Building Materials, 2012, 31: 1-11.

[4] Comite Euro-International du Beton. CEB-FIP model code 1990[S]. Trowbridge, Wiltshire: Redwood Books, 1993: 48-51.

[5] FIB. Model code 2010: First complete draft[R]. Lausanne: International Federation for Structural Concrete, 2010.

[6] KIM K M, LEE S, CHO J Y. Effect of maximum coarse aggregate size on dynamic compressive strength of high-strength concrete[J]. International Journal of Impact

Engineering,2019,125:107-116.

[7] WANG M,XIE Y,LONG G,et al. The impact mechanical characteristics of steam-cured concrete under different curing temperature conditions[J]. Construction and Building Materials,2020,241:118042.

[8] BAS H K,JIN W,GUPTA N,et al. Strain rate-dependent compressive behavior and failure mechanism of cementitious syntactic foams[J]. Cement and Concrete Composites,2019,95:70-80.

[9] REN L,FANG Z,WANG K. Design and behavior of super-long span cable-stayed bridge with CFRP cables and UHPC members[J]. Composites Part B:Engineering,2019,164:72-81.

[10] HASSAN M,WILLE K. Experimental impact analysis on ultra-high performance concrete (UHPC) for achieving stress equilibrium (SE) and constant strain rate (CSR) in split Hopkinson pressure bar(SHPB)using pulse shaping technique[J]. Construction and Building Materials,2017,144:747-757.

[11] HASSAN M,WILLE K. Comparative experimental investigations on the compressive impact behavior of fiber reinforced ultra high-performance concretes using split Hopkinson pressure bar[J]. Construction and Building Materials,2018,191:398-410.

[12] TAI Y S. Uniaxial compression tests at various loading rates for reactive powder concrete [J]. Theoretical and Applied Fracture Mechanics,2009,52(1):14-21.

[13] 黄政宇,王艳,肖岩,等. 应用 SHPB 试验对活性粉末混凝土动力性能的研究[J]. 湘潭大学自然科学学报,2006,28(2):113-117.

[14] 梁小燕,王勇华,王正道. RPC 材料冲击加载下的横向惯性和应变率效应[J]. 北京交通大学学报,2008,32(4):58-62.

[15] WANG Y H,WANG Z D,LIANG X Y,et al. Experimental and numerical studies on dynamic compressive behavior of reactive powder concretes [J]. Acta Mechanica Solida Sinica,2008,21(5):35-45.

[16] LAI J,SUN W. Dynamic behaviour and visco-elastic damage model of ultra-high performance cementitious composite[J]. Cement and Concrete Research,2009,39(11):1044-1051.

[17] JIAO C,SUN W,HUAN S,et al. Behavior of steel fiber-reinforced high-strength concrete at medium strain rate[J]. Frontiers of Architecture and Civil Engineering in China,2009,3(2):131-136.

[18] RONG Z,SUN W,ZHANG Y. Dynamic compression behavior of ultra-high performance cement based composites[J]. International Journal of Impact Engineering,2010,37(5):515-520.

[19] JIAO C J,SUN W. Impact resistance of reactive powder concrete[J]. Journal of Wuhan University of Technology(Materials Science Edition),2015(4):752-757.

[20] JIANG J,FENG T,CHU H,et al. Quasi-static and dynamic mechanical properties of eco-friendly ultra-high-performance concrete containing aeolian sand[J]. Cement and Concrete

Composites,2019,97:369-378.

[21] 仵鹏涛,刘中宪,吴成清,等. 纳米材料对超高性能混凝土动态力学特性的影响实验研究[J]. 硅酸盐通报,2016,35(11):3546-3555.

[22] SU Y,LI J,WU C,et al. Influences of nano-particles on dynamic strength of ultra-high performance concrete[J]. Composites Part B:Engineering,2016,91:595-609.

[23] SU Y,LI J,WU C,et al. Effects of steel fibres on dynamic strength of UHPC[J]. Construction and Building Materials,2016,114:708-718.

[24] WU Z,SHI C,HE W,et al. Static and dynamic compressive properties of ultra-high performance concrete (UHPC) with hybrid steel fiber reinforcements[J]. Cement and Concrete Composites,2017,79:148-157.

[25] TEDESCO J W,POWELL J C,ROSS C A. A strain rate dependent concrete material model for ADINA[J]. Computers and Structures,1997,64(5):1053-1067.

[26] YOUSEF A S,ALMUSALLAM T,IBRAHIM S M,et al. Rate dependent behavior and modeling of concrete based on SHPB experiments[J]. Cement and Concrete Composites,2015,55(1):34-44.

[27] HAO Y,HAO H,LI Z X. Influence of end friction confinement on impact tests of concrete material at high strain rate[J]. International Journal of Impact Engineering,2013,60(1):82-106.

[28] MALVAR L J,CRAWFORD J E,WESEVICH J W,et al. A new concrete material model for DYNA3D[R]. Glendale,CA:Karagozian and Case Structural Engineers,1994.

[29] MALVAR L J,CRAWFORD J E,WESEVICH J W,et al. A new concrete material model for DYNA3D release Ⅱ:shear dilation and directional rate enhancements[R]. Glendale,CA:Karagozian and Case Structural Engineers,1996.

第 8 章

超高性能混凝土应用前景

8.1 引　　言

UHPC 动力增大系数是衡量 UHPC 材料动力特性的关键指标，在明确其数学模型的基础上，结合已有的 UHPC 静力特性研究成果，可为 UHPC 材料的工程应用提供重要的理论参考。目前，国内外工程师依托理论研究成果，已经开始将 UHPC 材料应用于桥梁、民用建筑以及其他工程结构中，并且提出了相关规范与标准。

8.2 超高性能混凝土在桥梁工程中的应用

作为一种强度高、韧性强、耐久性能优异的新型水泥基复合材料，UHPC 在桥梁工程中展现出良好的应用前景。世界上第一座采用 UHPC 材料的桥梁是位于加拿大魁北克省 Sherbrooke 市的人行天桥[1]，于 1997 年 7 月竣工，见图 8-1。该桥采用 UHPC-钢管组合桁架结构形式，UHPC 的强度达到了 350MPa，整桥简洁轻巧。全桥长 60m，宽 4.2m，桥面板厚度 30mm，桥身每隔 1.7m 设置加劲肋，加劲肋高 70mm，该桥下弦采用 UHPC 双梁形式，梁高 0.38m。桁架腹杆是壁厚 3mm、直径 150mm 的不锈钢管，钢管内灌注 UHPC。该桥采用预制混凝土结构组装，每个预制节段长 10m，高 3m，运输到现场后采用后张法组装而成。

世界上第一座 UHPC 公路梁桥是位于法国的 Bourg-les-Valence 桥[2]，于 2001 年竣工，见图 8-2。该桥主跨 22.5m，宽 12m，自身重量仅为同跨径预应力混凝土桥梁的 1/3 左右，且在通车 10 年后的外观检测中未发现任何裂缝。

图 8-1　加拿大 Sherbrooke 人行天桥

图 8-2　法国 Bourg-Les-Valence 公路梁桥

世界上第一座 UHPC 公路拱桥是位于奥地利的 WILD 桥[3]，于 2010 年竣工，见图 8-3。

该桥全长154m,跨径约70m,拱高约40m,使用的UHPC抗压强度达到了185MPa,采用并排的双桁架拱结构形式,施工时将事先在工厂预制的正方形薄壁箱梁和接头运输到现场,通过拱内部安装的后张法体外预应力钢束拼装而成。

图8-3　奥地利WILD公路拱桥

美国第一座UHPC公路梁桥是位于Wapello县的Mars Hill桥[4],于2006年竣工,见图8-4。该桥跨径33.5m,宽约8.28m,梁高1067mm,使用的UHPC抗压强度达到了207MPa,采用3片预制先张预应力T梁与约229mm厚的现浇混凝土桥面板。相对于原普通混凝土T梁断面,使用UHPC材料后有效减小了T梁顶板、腹板和马蹄等的厚度,其断面面积约为原断面面积的73%。该桥获得2006年度美国波特兰水泥协会(Portland Cement Association)的"第十届桥梁竞赛奖"。

图8-4　美国Mars Hill公路梁桥

韩国第一座UHPC桥梁是位于首尔的和平人行天桥[5],于2002年竣工,见图8-5。该桥主跨120m,矢高15m,主拱圈由6段长20m、宽4.3m、高1.3m的π形UHPC梁段组装而成,内部不使用钢筋。全桥UHPC用量仅240t,优化了拱桥设计,有效节约成本。

图8-5　韩国和平人行天桥

我国虽然对 UHPC 的研究起步相对滞后,但近年来发展迅速,通过吸收再创新,已成功将 UHPC 材料应用于桥梁工程中。我国第一座全预制拼装 UHPC 桥梁是位于长沙的北辰三角洲跨街天桥,于 2016 年竣工,见图 8-6。该桥全长 70.8m,宽 6.5m。先在工厂开展大节段预制,再运输至现场,实现了现场 10h 内拼装建成。相对于原设计的 7 个桥墩、主跨为 16m、高跨比为 1/12 的普通混凝土桥梁方案,新方案在采用超高性能混凝土后,桥墩减少到了 2 个,主跨增加到 36.8m,桥梁上部结构重量减小了近三分之一。我国第一座 UHPC 车行装配式刚架拱桥于 2021 年在广东高恩高速公路建成,见图 8-7。该桥主跨 58m,全桥长 66m,宽 5.5m。主拱及边梁由 5 道 UHPC 刚架拱片和 UHPC 边梁构成,每道拱片分 3 段卧式预制,共计 15 个预制节段。拱片及边梁预制蒸养(耗时约 21d)后运输至现场吊装并进行空中翻转就位,之后施工 UHPC 接缝与普通混凝土桥面板及栏杆。到目前为止,中国约有 80 座桥梁采用了 UHPC 材料,其中约有 20 座桥梁主体结构(主梁、拱圈等)采用 UHPC 材料,其余主要将 UHPC 用于钢-UHPC 轻型组合桥面结构、现浇接缝、维修加固等方面。

图 8-6　长沙北辰三角洲跨街天桥

图 8-7　我国首座 UHPC 车行装配式刚架拱桥

8.3　超高性能混凝土在建筑工程中的应用

UHPC 能改变传统混凝土构件“粗、笨、厚、重”的特点,使构件变得轻巧美观,坚固耐用,因此除被用作受力材料外,也被制成装饰板、幕墙等建筑工程中的轻薄构件。

法国拉法基豪瑞(Lafarge Holcim)集团研发了一种基于 UHPC 的 Ductal 产品,如幕墙镂空板、幕墙标准平板等,并在众多新建建筑项目与改造项目得到了广泛应用,如位于法国海港城市马赛的地中海与欧洲文明博物馆(图 8-8)。该博物馆总共 7 层,总建筑面积约 4 万 m^2,外围使用 Ductal 制造的有着精致华丽花纹的巨型幕墙网,通过 384 块 UHPC 面板巧妙地覆盖了博物馆的两个外墙和屋顶,不仅可以让博物馆内充满阳光和新鲜的空气,而且具备防风功能。与此同时,在博物馆的屋面还有一条连接圣让堡和博物馆的 UHPC 人行桥,由 25 块预制板组合而成,每个单元长 4.6m,预制板厚度 4cm,总长 115m(加回路为 135m),建筑误差在 0.3 ~0.4mm,整个建筑精致美观,充分体现了当地的文化与艺术特色。

图 8-8　法国地中海与欧洲文明博物馆

图 8-9 是位于法国巴黎的路易威登基金会艺术中心。该艺术中心使用 19000 块 Ductal 生产的 UHPC 面板解决了 9000m^2 外墙不规则几何形状所带来的技术挑战,其出色的耐久性、表面质量、面板薄度、铸造工艺和延展性保证了艺术中心的层次感,展现出特别的美感。

图 8-9　法国路易威登基金会艺术中心

图 8-10 是位于卡塔尔首都多哈的新建国家博物馆,539 个直径大小不同的圆盘上覆盖着 7.6 万块厚度为 40mm 的白色预制 UHPC 圆盘面板,总面积在 120000m^2 左右,远看就像一个巨型的沙漠玫瑰。

图 8-11 是位于法国的 Millau 高架桥收费站,该收费站整个建筑屋面板长 98m,宽 28m,UHPC 板厚仅有 0.1m,从远处看就像一张纸漂浮在空中。

图 8-12 是位于浙江省杭州市的余杭大剧院,该建筑高 39.6m,总建筑面积 8.3 万 m^2,采用"框剪 + 型钢混凝土"的结构形式,是国内建筑首次运用 UHPC 外立面。

图 8-13 是位于浙江省宁波市的未来城科普中心,该建筑总用地面积 5.68 万 m^2,设计总建筑面积约 2.78 万 m^2,是一座以展览为主要功能的公共建筑,其外立面同样采用 UHPC 材料。

可以看出,UHPC 优异的力学性能使其能轻易制成不规则形状的轻薄构件,可大大减轻建筑物的重量，是建筑师实现艺术效果的保障，满足建筑创新性、个性化的需求，同时超强的耐久性能可减少建筑物运营中的维护费用，彰显了UHPC在建筑工程中独特的价值。

图8-10　卡塔尔新建国家博物馆

图8-11　法国的Millau高架桥收费站

图8-12　余杭大剧院

图 8-13　未来城科普中心

8.4　超高性能混凝土在其他工程中的应用

除了上述两个主要工程领域,UHPC 材料良好的耐久性使其在海工结构中具有良好的应用前景。以日本东京羽田机场改扩建工程为例,为应对海洋环境中高浓度氯离子侵蚀,采用6900 多块长 7.82m、宽 3.53m 的双向预应力 UHPC 肋板作为飞机跑道,占地面积 192000m^2,使用 UHPC 材料共计 22000m^3,是目前为止世界上规模最大的 UHPC 海工结构。UHPC 材料还在市政、电力、轨道交通工程方面有所应用,如井盖、电缆沟槽、支架、盖板,轻型电杆、重载电杆、电力管廊、装配式变电房、地铁疏散平台、隔声板、预制轻型排水沟、预制装配防火墙等(图 8-14)。

a) 井盖　b) 盖板

c) 电杆　d) 电力管廊

图　8-14

e) 装配式变电房

f) 地铁疏散平台

g) 预制轻型排水沟

h) 预制装配防火墙

图 8-14　其他工程的应用

8.5　超高性能混凝土相关规范与标准

随着近年来 UHPC 在工程中的应用,相应的技术规范或标准已制定或正在制定,见表 8-1。大部分 UHPC 相关规范或标准是在 2015 年后制定的,有相当一部分规范或标准尚处于编制中(特别是在我国),目前 UHPC 的工程应用尚处于初始阶段。各类规范或标准的出台,将极大推动 UHPC 在土木工程中领域的应用。

世界各国已制定或正在制定的 UHPC 相关技术规范与标准　　表 8-1

国家	规　范	时间	状态
日本	《超高性能纤维增混凝土(UHPFRC)结构设计与施工指南》	2004 年	已公布
韩国	《超高性能混凝土(K-UHPC)的设计指南》	2012 年	已公布
瑞士	《UHPFRC:建筑材料、设计与应用》(SIA2052)	2014 年	已公布
西班牙	西班牙混凝土科学技术协会(ACHE)第一委员会编制的 UHPFRC 指南	2015 年	已公布
加拿大	《材料和施工方法》(CSA A23.1 附件 U)	2015 年	已公布
	《钢纤维混凝土桥梁的结构设计》(CSAS6 A8.1 附件)	2015 年	已公布
法国	《超高性能纤维增强混凝土:规范、性能、生产和合格评定》(NF P 18-470)	2016 年	已公布
	《超高性能纤维增强混凝土结构设计规范》(NF P 18-470)	2016 年	已公布
美国	《超高性能混凝上试件的制造和试验的标准实施规程》(ASTMC 1856/1856M-17)	2017 年	已公布
澳大利亚	《RPC 预应力混凝土梁设计指南》(新南威尔士大学)	2000 年	已公布
	《混凝土结构》(DR AS 3600)	2018 年	已公布

续上表

国家	规　　范	时间	状态
中国	《客运专线活性粉末混凝土(RPC)材料人行道挡板、盖板暂行技术条件》(科技基〔2006〕129 号)	2006 年	已公布
	《活性粉末混凝土》(GB/T 31387—2015)	2015 年	已公布
	《超高性能轻型组合桥面结构技术规程》(GDJTG/T A01—2015)	2015 年	已公布
	《活性粉末混凝土结构技术规程》(DBJ43/T 325—2017)	2017 年	已公布
	《超高性能混凝土电杆》(T/CEC 143—2017)	2017 年	已公布
	《超高性能混凝土基本性能及试验方法》(T/CBMF 37—2018)	2018 年	已公布
	《公路桥涵超高性能混凝土应用规范》(公路工程行业标准)	—	编制中
	《钢-超高韧性混凝土轻型组合桥面结构设计与施工规范》(公路工程行业标准)	—	编制中
	《超高性能混凝土:预制构件技术规程》	—	编制中
	《超高性能混凝土;结构设计技术规程》	—	编制中
	《超高性能混凝土:现场浇筑施工技术规程》	—	编制中

技术规范与标准在工程建设中具有重要的地位,尽管近年来 UHPC 在我国的应用有着较为明显的增加趋势,但是 UHPC 相关标准与规范的缺乏成为我国 UHPC 新结构推广与运用的主要障碍。由上表可以看出,我国已有很多 UHPC 相关规范正在制定中,将为我国 UHPC 应用提供重要的技术保障。然而值得注意的是,由于 UHPC 成为学界和工程界的热点,涌现出多种多样类似的 UHPC 技术标准与规范,可能给工程技术人员带来困扰。因此,如何提高 UHPC 工程技术规范体系的系统性对 UHPC 应用与长期发展至关重要。

8.6 展　　望

UHPC 在不同国家经历发展和推广应用后,应用进展有较大差异,其中的成功应用值得我们学习借鉴。丹麦 UHPC 的规模化应用主要在建筑领域,包括预制 UHPC 楼梯、阳台、幕墙、预制构件湿接缝连接;此外,在风电钢塔筒的灌缝连接方面,丹麦产品性能和应用技术也居于世界领先地位。法国 UHPC 研发与应用涉及领域较多,包括多种结构形式的公路桥、建筑构件、幕墙、工业建筑、维修加固、水利工程等,UHPC 产业规模大。韩国在 UHPC 桥梁和建筑都有一些创新性应用。马来西亚、美国和加拿大的 UHPC 研究应用主要在桥梁方面。

在我国,UHPC 在钢桥面铺装、钢-UHPC 组合桥梁的应用规模已经走在了世界前列,UHPC 在装配式桥梁和建筑构件的结构连接应用已经开始,且桥梁结构连接在 UHPC 应用中占比较大,预计技术体系完善后,会进入可持续规模化应用。如今支撑 UHPC 产业的主要是建筑和桥梁,包括大型建筑项目如体育场、高铁站等创新结构与幕墙建筑,桥梁翻新、维修加固可能会成为另一支撑性应用。UHPC 技术还有许多应用与发展空间,建议重点在以下方面开展工作:

(1)大跨度桥梁

人类建造桥梁的历史就是一部建桥材料史,新材料的发明与使用通常会极大地推动桥梁结构的发展。基于 UHPC 的高性能桥梁结构是未来桥梁发展的重要方向，将推动桥梁工程的产业升级。目前国内外对 UHPC 材料、构件、结构等方面均做了大量的研究，但 UHPC 实桥建造尤其是大跨度以及超大跨度桥梁还相对偏少，在研究的系统性和解决实际工程问题方面还有待于进一步加强。

(2)装配式建筑

我国正在大力推进建筑产业化、装配化，UHPC 除用于湿接缝结构连接具有技术和经济优势外，使用 UHPC 生产部分构件(如楼梯、阳台、轻质“三明治”保温墙板)，不仅设计应用合理，而且可以从减轻构件重量、减轻建筑整体自重、降低运输吊装安装施工成本等方面获得经济性，并提升装配式建筑质量。这类构件与装配式钢结构建筑结合应用，可形成相互补充的装配式建筑体系。应该在装配式建筑领域发展设计、预制生产、构件连接、构件安装等相关的标准、规范和规程。

(3)结构维修加固

瑞士的 UHPC 主要应用领域为维修加固，已经成为最具市场竞争力的桥梁维修加固技术体系，其技术经济优势也在世界范围获得验证、认可和应用。世界许多国家包括中国都面临大量桥梁老化的问题，需要维修加固或更换。日本当今着力发展 UHPC 桥梁维修加固技术。美国正在开展针对钢桥梁的 UHPC 维修加固研究，并取得了满意的试验研究结果。

我国已经开展了 UHPC 维修加固研究和应用，制定了相关地方标准，如陕西省地方标准《超高性能混凝土组合加固桥梁设计与施工技术规程》(SDBXM 39—2019)，但集中在混凝土桥梁方面。此外，大量码头、隧道、水利水电、建筑等混凝土结构同样面临老化、结构缺陷以及不能满足结构承载能力或抗震性要求等问题。UHPC 维修加固具有技术和经济优势，还会在更多工程领域和更大范围获得应用，有很大市场发展空间。在该领域，未来创新发展的内容包括：适应不同场合、不同结构的 UHPC 成型施工方法，快速维修加固材料和施工技术等。

(4)创新建筑与结构

法国在 UHPC 建筑和结构创新方面走在世界前列，重要的原因是建筑师、结构工程师较早参与到 UHPC 创新和应用的行列中。作为一种新型水泥基材料，UHPC 突破了传统水泥基材料性能和应用领域的很多极限。无论是结构材料组分的复合、水泥基材料本身的性能、同纤维增强材料的复合还是与其他结构材料的“组合”，都拓展了许多发展空间，为创新者提供许多想象空间。更多的建筑师和结构设计师了解 UHPC、参与到 UHPC 建筑设计和结构设计中来，将会为建筑与结构打开一个更大的创新发展空间。

本章参考文献

[1] AITCIN P C, LACHEMI M, ADELINE R, et al. The Sherbrooke reactive powder concrete footbridge[J]. Structural Engineering International, 1998, 8(2): 140-144.

[2] LOPEZ J A, SERNA P, CAMACHO E, et al. First ultra-high-performance fibre-reinforced concrete footbridge in Spain: design and construction[J]. Structural Engineering Interna-

tional,2014,24(1):101-104.

[3] HECHT M. Practical use of fibre-reinforced UHPC in construction-production of precast elements for Wild-Briicke in Volkermarkt[C]//SCHMIDT M,FEHLINGE. Proceedings of Hipermat 2012,3rd International Symposium on UHPC and Nanotechnology for High Performance Construction Materials. Kassel:Kassel University Press,2012:889-896.

[4] BIERWAGEN D, ABU-HAWASH A. Ultra high performance concrete highway bridge [C]//Proceeding of the 2005 Mid-Continent Transportation Symposium. 2005:1-14.

[5] BYUN Y J,HUH S B. Sun-Yu pedestrian arch bridge, Seoul, Korea[J]. Structural Engineering International,2005(1):32-35.